L'AGRICULTURE

ET

LE LIBRE-ÉCHANGE

PAR JULES AVENIEZ.

NANTES,

Mme Ve C. MELLINET, IMPRIMEUR,

Place du Pilori, 5.

1879

L'AGRICULTURE

ET LE LIBRE-ÉCHANGE

L'AGRICULTURE

ET

LE LIBRE-ÉCHANGE

PAR JULES AVENIEZ.

NANTES,

Mme Ve C. MELLINET, IMPRIMEUR,

Place du Pilori, 5.

1879

L'AGRICULTURE

ET

LE LIBRE-ÉCHANGE

I.

La crise agricole vient d'entrer dans une phase nouvelle et certainement imprévue pour beaucoup de ceux qu'elle atteint. Ce n'est plus une crainte lointaine, c'est une réalité présente.

L'illusion est désormais impossible, les faits sont là évidents, menaçants, irréfutables. L'agriculture française se meurt.

Cet état de choses est la grande préoccupation actuelle de tous les agriculteurs, de beaucoup d'économistes, et devra être celle de nos gouvernants, au moment où il va falloir prendre parti pour ou contre le système économique actuel.

Je ne veux pas, en commençant, dissimuler dans quel esprit j'entreprends cette étude. Que les personnalités restent en dehors du débat ; mais qu'il me soit permis de dire que si les doctrines économiques auxquelles nous devons la ruine de notre agriculture ont été, à l'origine, une erreur commise de bonne foi, les maintenir devant la redoutable évidence des faits, et comme on ne craint pas de le dire, les aggraver, serait une action coupable.

Il ne s'agit plus de théorie et d'humanitarisme, il s'agit de pratique et de patriotisme. C'est un devoir de conscience aujourd'hui de dire bien haut et de répéter sans relâche que la situation est effrayante et que bientôt elle sera désespérée, non-seulement pour l'agriculture, mais pour la France.

Aucune question ne mérite d'être examinée avec plus d'attention.

Si le régime économique sous lequel nous vivons est maintenu ;

Si nous restons libre-échangistes ;

Si les traités qui sont une application du libre-échange, tempérée par des faveurs injustifiables, et qui sacrifient systématiquement les intérêts agricoles, sont renouvelés ;

Si nous ne protégeons pas l'agriculture nationale, comme on protége tant d'autres industries moins importantes et moins méritantes, l'agriculture et, avec elle, la France, est perdue.

Il m'a semblé utile de définir nettement l'état véritable de la situation et de ramener à quelques termes simples et pratiques les aspirations de tous et ce qu'ont de commun entre elles les diverses solutions proposées.

J'entrerai donc sans plus de préambule dans l'étude que je me propose de faire.

Je dirai d'abord quelle est exactement la situation de l'agriculture en France.

Je montrerai la gravité de cette situation.

J'en expliquerai les causes, et enfin j'essaierai d'y trouver un remède.

Il s'agit, en effet, aujourd'hui de savoir si, en présence d'un danger dont il serait puéril de dissimuler la grandeur et l'imminence, il ne faut pas attaquer de front les principes économiques, causes premières et nécessaires du mal ; et s'il n'est pas du devoir de ceux qui ne se sont point laissés abuser par les apparences de dire fermement et de démontrer catégoriquement que le fameux système du libre-échange, mauvais même pour ce qu'il prétend défendre, est véritablement et seul cause de la ruine très-prochaine de notre première industrie nationale, l'agriculture.

Lorsque toutes les industries déjà protégées et subventionnées souvent, réclament encore le secours de l'Etat, que demande l'agriculture ? Une seule chose. Elle demande qu'on ne protége pas les autres à ses dépens. Il y a donc à prendre aujourd'hui des mesures radicalement différentes de celles qui ont été adoptées jusqu'à ce jour; car, sous prétexte de diminuer les souffrances de l'industrie, ce à quoi elles n'ont pas réussi, elles n'ont fait qu'aggraver, dans des proportions aussi considérables qu'injustes, les difficultés contre lesquelles se débat l'agriculture.

Les conditions de la production se sont complètement modifiées depuis quelques années ; il faut nécessairement que les principes économiques, applicables, dans une certaine mesure, à un état de choses qui n'existe plus, soient aussi eux totalement révisés.

Un grand fait domine aujourd'hui la situation. Chaque nation essaie de tout produire et de tout fabriquer, afin de ne plus payer à l'étranger un tribut devenu trop lourd, et de se suffire à elle-même, le cas échéant. Les conditions de la production et de la fabrication tendent tous les jours à s'égaliser. Il en résulte que ce qui a pu être sinon vrai, du moins admissible un moment, a cessé de l'être aujourd'hui.

Le libre-échange entre deux nations ne peut être avantageux pour les deux, que si elles échangent entre elles des produits différents, et qui ne peuvent se faire concurrence. C'est même là ce qui a donné naissance au libre-échange ; c'est ce qui le justifierait, si les choses se passaient en réalité, comme la théorie le prétend.

Mais il n'en est plus ainsi.

Nous ne pouvons plus dire à l'Amérique : donnez-nous ce que vous produisez à bon marché ; moi, je vous enverrai ce que je fabrique à de meilleures conditions que vous ne pourriez le faire, et nous bénéficierons tous les deux.

Faites-moi profiter de la fertilité de votre sol, et je vous procurerai en échange les avantages de ma facilité de main-d'œuvre et de mon génie industriel.

Cela n'est plus possible aujourd'hui.

Nous avons perdu. Nos concurrents ont gagné.

Nos produits manufacturés rencontrent aujourd'hui la concurrence des objets fabriqués par les nations étrangères, et notre sol restera toujours, sous le rapport de la fertilité, dans un état d'infériorité qui tient à la nature des choses, et que rien ne peut modifier. Le libre-échange est donc impossible désormais ; car, si deux nations peuvent gagner toutes deux, en échangeant des produits différents, l'une perdra nécessairement lorsqu'elles échangeront les mêmes produits ; à moins, chose impossible, que les conditions de la production ne soient absolument égalisées. Auquel cas, du reste, l'échange deviendrait inutile.

L'une perdra donc. Ce sera celle qui supporte le plus de charges intérieures. C'est aujourd'hui la situation de la France par rapport à toutes les nations avec lesquelles elle peut avoir des relations commerciales. L'excès de ses charges intérieures lui fait nécessairement jouer le rôle de dupe dans toutes les conventions basées sur le système libre-échangiste.

Il faut voir franchement ce fait et agir en conséquence.

D'autre part. La prospérité matérielle n'est point indéfinie, comme peut l'être le progrès moral de l'humanité.

Il y a une limite à la richesse, parce qu'il y a une limite à la production et à la consommation.

Penser qu'une nation s'enrichit nécessairement de plus en plus, parce qu'elle travaille industriellement de plus en plus c'est là une erreur contre laquelle on ne saurait trop réagir.

Cela pouvait être admis, au temps où quelques nations seulement avaient progressé alors que les autres restaient stationnaires ; aujourd'hui que ces autres nations progressent à leur tour, la consommation générale restant la même, la production doit fatalement être arrêtée.

Il ne faut surtout pas dire : produisons toujours et ensuite ous chercherons des débouchés ; il faut d'abord se créer les débouchés et produire en conséquence ; mais sans perdre de vue que plus l'humanité progressera et moins il estera à chaque nation de débouchés extérieurs.

L'excès de production est sans contredit une des plus grandes causes de la crise industrielle actuelle.

L'agriculture n'en est pas là.

Bien des années, des siècles peut-être se passeront avant qu'il soit produit plus qu'il n'est consommé.

Le commerce doit donc aujourd'hui se préoccuper surtout l'égaliser la répartition dons le monde des objets d'alimen-ation et se créer des débouchés par une étude judicieuse les voies de communication à entreprendre ; toujours sans oublier que toute chose matérielle étant limitée, et chaque nationalité aspirant à se suffire à elle même, le moment viendra ou il faudra restreindre la production et par conséquent la circulation, à la consommation intérieure.

L'agriculture en France n'est point comme l'industrie, atteinte par une de ces crises qui tiennent à la force des choses et contre lesquelles il n'y a pas de remèdes immédiats. Elle ne succombe que sous l'application de principes économiques déplorables.

Il ne faut donc point courber la tête et attendre ; il faut au contraire se relever et se défendre.

Le jour où l'agriculture française sera protégée, elle sera sauvée.

Le jour où elle sera sauvée, l'industrie et le commerce, verront comme par enchantement leur ancienne prospérité reparaître.

Le jour, au contraire, où l'agriculture française serait définitivement livrée à l'écrasement de la concurrence étrangères, il en résulterait un effondrement général dont nous osons à peine mesurer la grandeur.

Les souffrances de l'industrie et du commerce ne causent, en effet, à un pays qu'un amoindrissement dans sa fortune ;

la suppression de l'agriculture menace la nation dans son existence même.

Il ne servirait à rien, dans des circonstances aussi critiques, de se mettre un bandeau sur les yeux, et de dire : nous verrons plus tard ; plus tard, il sera trop tard. Ne laissons pas le découragement s'emparer des 20 millions de Français qui vivent du travail de la terre.

La situation est grave, mais le remède est facile. Tout dépend de nous. Agissons.

Les agriculteurs français ont donc aujourd'hui tout contre eux :

L'insuffisante fertilité du sol, car nous possédons très-peu de véritables terres à blé ;

L'impossibilité de cultiver de grands espaces longtemps reposés ;

La nécessité, par conséquent, d'adopter un genre d'assolement qui oblige à une main-d'œuvre considérable et à l'emploi d'engrais d'un prix de plus en plus élevé ;

Le manque de bras ;

La division des héritages et le manque de capitaux qui empêche l'adoption des machines agricoles et des méthodes nouvelles ;

L'énormité des charges supportées par la terre et les entraves de toutes sortes apportées au travail par l'impôt sous toutes les formes, direct ou indirect, car c'est encore le cultivateur qui souffre le plus des droits établis sur la vente et la circulation des objets qu'il produit ;

Et enfin, comme si tout cela ne constituait pas pour la production agricole un écrasement assez efficace, on a couronné l'œuvre en nous dotant du libre-échange, c'est-à-dire de la protection accordée aux étrangers ; et quels étrangers ? nos concurrents !

On a permis à ceux qui n'ont aucune des difficultés que je viens d'énumérer, de venir jusque sur nos marchés jouir sans payer des avantages que nous avons achetés si cher.

Voilà la vérité.

Je n'établirai point ici par des chiffres de détail la preuve ue la production du blé n'est plus aujourd'hui rémunéra- rice en France. Les chiffres varient d'après les régions, et l'ailleurs cette preuve, même pour ceux dont la solution liffère de celle que je propose, n'est plus à faire : on ne liscute pas l'évidence.

Voici seulement quelques bases pour bien préciser la situa- ion :

En 1780, c'est-à-dire il y a cent ans, le froment coûtait n France 15 1/2 l'hectolitre.

De 1827 à 1846,	la moyenne a été de	21	fr. l'hect.	environ.
De 1846 à 1876,	—	22	—	—
En 1878-1879,	elle n'est pas de	20	—	—

Le prix du pain est le même aujourd'hui qu'en 1801, il y soixante-dix-huit ans.

En d'autres termes : depuis cent ans, le prix du blé a aussé d'un tiers à peine, alors que beaucoup de choses décu- laient et que le rapport moyen est comme 1 à 4.

Depuis cinquante ans, le prix du blé a haussé d'un vingt- euxième, alors que tout augmentait d'un tiers au moins.

Cette année, le blé commence à baisser sérieusement par uite de circonstances extérieures qui ne sont qu'à leur début, t je prédis que si on ne porte remède immédiatement à cet tat de choses, le blé tombera l'année prochaine au prix d'il a cent ans.

C'est dire, en un mot, que la production du blé meurt et u'une industrie, dont le moindre avantage pour la France st de rapporter deux milliards tous les ans, va disparaître, râce aux nouvelles théories économiques.

Le territoire de la France est un des plus défavorables à culture en grand des céréales, la seule qui puisse aujour- l'hui être rémunératrice.

Sans parler des immenses étendues de terrains qui ne euvent recevoir que certaines récoltes spéciales, sous peine e ne rien produire, la division du sol et le manque de capitaux sont tels, qu'il est impossible à l'agriculteur français de songer à obtenir le blé à bon marché.

Sur les terres même habituellement consacrées à la production du froment, il faut de la part du cultivateur de notre pays une intensité de travail telle, qu'on est étonné de ne pas voir le découragement survenir chez lui plus vite. Ce n'est qu'à force de culture, d'engrais, de précautions, de soins minutieux, dispendieux et de tous les jours, qu'il arrive à récolter, non point mille pour un, comme donne le maïs dans plusieurs parties de l'Amérique, non point cent pour un comme le froment dans le même pays, mais dix à vingt pour un, et cela lui suffit, grâce à son existence économe.

Le propriétaire rural français paie :

L'impôt direct, environ 10 °/₀ du revenu réel ;

Des centimes additionnels qui, quelquefois, dépassent le principal ;

Une part considérable dans les revenus de l'enregistrement, des domaines et du timbre, des droits de mutations, successions, baux, droits de circulation des vins, impôts sur les chevaux, voitures, charrettes, toutes les prestations.

Si nous liquidions le tout à un cinquième du revenu, nous resterions en-deçà de la vérité.

D'après cela, qu'on fasse le compte de ce que devrait légitimement payer le quintal de blé d'Amérique arrivant sur notre marché, pour avoir droit à la protection de nos lois et de nos gendarmes, à l'usage de nos ports, de nos routes, canaux, chemins de fer, etc.

N'est-ce pas traiter le paysan français comme le dernier des esclaves que de lui faire payer la protection qu'on accorde à ceux qui viennent chez lui pour le ruiner ?

Mais n'y a-t-il pas encore un impôt plus lourd (je n'en discute pas le principe) que tous les autres, le service militaire obligatoire, qui nous met vis-à-vis de certains peuples, nos principaux rivaux, du reste, dans la position d'un homme enchaîné en face d'un homme libre ?

L'Américain a toute sa famille autour de lui ; le fermier

français, qui a ses enfants au service, voit ses récoltes périr faute de bras.

En présence de charges pareilles, l'entrée en franchise des produits de l'étranger, ce n'est plus même du libre-échange, c'est de la protection à rebours.

La main-d'œuvre est devenue tellement onéreuse, qu'il n'y a plus de rapport entre le résultat et les moyens employés pour l'obtenir.

L'agriculture coûte plus cher qu'elle ne rapporte.

Consultez les propriétaires qui emploient des ouvriers agricoles. Ils vous diront tous qu'en présence des charges accablantes qui pèsent sur eux, de la difficulté, de la cherté, de l'impossibilité, souvent de la main-d'œuvre et du bas prix auquel se vendent les produits obtenus avec tant de frais et tant de peine, il leur est impossible de continuer le métier d'agriculteur.

Consultez les fermiers, ils vous diront qu'ils auraient plus de bénéfice à se mettre au service de ceux qui font travailler qu'à travailler eux-mêmes à leur compte.

Un valet de ferme gagne aujourd'hui plus que le fermier et on ne trouve déjà plus de bons ouvriers agricoles.

C'est par une sorte d'amour-propre que les fermiers continuent aujourd'hui le métier de leurs pères, et ceux qui n'ont pas un patrimoine, s'épuisent sans parvenir à payer ce qu'ils doivent.

C'est à grand'peine aujourd'hui qu'on peut renouveler les baux aux anciens prix.

Parlerais-je maintenant du paysan petit propriétaire, ce type du travail obstiné, de l'économie, de la résignation.

Comment parvient-il à vivre?

En se privant de tout, du superflu toujours, souvent du nécessaire.

Voulez-vous savoir sa situation réelle en 1879 ; la voici :

Lorsqu'il revient du marché où il a laissé un sac de blé, obtenu aux prix de quelles sueurs, de quel labeur, de quelles inquiétudes et de quelles difficultés : Dieu le sait.

Que trouve-t-il en faisant son compte ?

Il trouve qu'il est plus pauvre que l'année dernière ; que tout ce qu'il a fait, tout ce qu'il dépensé, c'est en pure perte : le sac de blé lui a coûté plus cher qu'il ne l'a vendu. C'est incontestable, et, cependant, il sème encore, parce qu'il ne connaît pas l'économie politique et qu'il met ce nouveau malheur sur le compte des décrets de la Providence, dont il a coutume de tout espérer et de tout craindre, mais qu'il accepte comme les choses fatales, sans murmurer ; puis, il va chez le notaire et il emprunte, car il faut vivre. Combien cela durera-t-il et que pensent les libre-échangistes des milliards qui constituent la dette hypothécaire de la France ; pensent-ils que ces milliards sont une richesse ?

Ce n'est pas tout, le paysan cependant s'inquiète, il voit clairement que le blé ne rapporte pas ce qu'il coûte à produire et il se demande si cela va continuer ?

On lui dit : Faites des bestiaux !

D'abord, on ne fait pas des bestiaux comme on fait une phrase ; il faut y mettre le temps, et, pendant ce temps, il faut vivre. Il vaudrait mieux lui dire : Ne faites rien, car la concurrence étrangère, favorisée par les principes du libre-échange, s'étend déjà jusqu'au bétail.

Avant peu, il en sera de la viande comme du blé. Ne faut-il pas que l'industrie mange du roatsbeef à bon marché, car on ne vit pas seulement de pain.

La France agricole est écrasée par l'importation étrangère, et cela, grâce aux lois économiques sous lesquelles nous vivons.

Or, la gravité d'un tel état de choses n'est pas discutable et le résultat final est facile à prévoir.

L'agriculture ne peut pas se défendre contre la concurrence étrangère.

Elle cessera donc forcément de produire, c'est une question de temps.

Lorsqu'elle ne produira plus que deviendront les 20 millions de Français qui vivent de la terre, et que deviendra la France elle-même, lorsque, ne produisant plus de quoi se nourrir, elle devra acheter son blé avec le prix de l'exportation de ses objets manufacturés. Que deviendra-t-elle, lorsque l'exportation lui manquera, ce qui est fatal ? Evidemment, elle sera perdue sans ressource.

Tout cela, n'est malheureusement que trop certain.

Lorsque le cultivateur a retiré du prix de vente de son blé :

Le fermage ou l'intérêt du capital engagé ;

Les divers impôts ;

Les semences ;

Les engrais ;

Les frais de culture, de moisson, etc., il ne lui reste pas de quoi vivre, il est en perte aux prix actuels et ils baisseront.

Ils baisseront, parce que la concurrence étrangère vient seulement de commencer, et parce que tous les principes économiques actuels tendent à l'avilissement du prix des céréales.

Comment pourrions-nous lutter contre la Russie avec ses terres douées d'une inépuisable fertilité ;

Contre la Turquie, la Hongrie, la Roumanie, etc., avec leurs plaines immenses ;

Contre l'Amérique avec ses territoires presque sans limites et ses terres toujours neuves.

Comment lutter contre la propriété collective que les Chinois ont déjà inaugurée, en Californie, contre la propriété individuelle immense des Russes et des Hongrois ?

Comment lutter contre des peuples qui connaissent à peine l'impôt, quand on traîne à sa suite le boulet d'un budget de trois milliards ?

II.

Je crois avoir prouvé qu'il est impossible, en France, de produire du blé dans les conditions de bon marché de nos rivaux.

Ils ont la fertilité inépuisable du sol. Nous ne l'avons pas, et les engrais, outre qu'ils coûtent fort cher, ne remplacent pas la fertilité naturelle.

Ils ont l'étendue, qui leur permet d'employer les moyens mécaniques, et les procédés nouveaux, au moyen desquels on abaisse dans d'énormes proportions le prix de revient.

Ils ont la main-d'œuvre à bon marché dans les pays d'Orient et en Californie, tandis que dans le centre des Etats-Unis, elle est remplacée par la vapeur appliquée à toutes les opérations agricoles.

Ils jouissent d'une liberté de circulation, de transaction et d'initiative inconnue chez nous.

Ils n'ont, pour ainsi dire, aucun loyer à payer pour la terre.

Leurs impôts sont si minimes et leurs charges de toutes sortes tellement réduites, que tout leur est bénéfice.

Tous ces avantages l'emportent à un tel degré sur la situation faite à l'agriculture française, que les frais de transbordements et de transports ne font pas monter le blé, rendu en Europe, à 20 fr. les 100 kil.

La lutte est donc impossible, quant à la culture du blé, entre la France et les pays dont je viens de parler.

Le bétail, du moins, reste-t-il pour nous une ressource à laquelle nous puissions demander un secours présent et certain ?

Pas le moins du monde. Le libre-échange a veillé à cela. Si quelque droit minime reste encore dans certains traités, sur l'entrée du bétail étranger en France, c'est un droit purement fiscal et beaucoup trop faible pour être protecteur.

Aussi voyons-nous les bœufs, les moutons, les chevaux arriver par troupeaux sur nos marchés. Il est habituellement vendu sur les marchés parisiens plus de moutons allemands, de bœufs italiens, belges, autrichiens et prussiens que de bêtes françaises.

Quant aux chevaux, la remonte les achète autant que possible en Hongrie, puissant moyen d'encourager l'élevage du cheval en France.

On a même essayé d'en faire venir de la Plata, en attendant qu'on les tire des immenses troupeaux que nourrit le territoire russe.

Cela, encore, va donc manquer à notre élevage national. C'est donc à tort que les libre-échangistes disent aux agriculteurs : « Puisque vous ne pouvez plus faire du blé, faites du bétail. » Ils savent bien que cela est encore dérisoire.

Mais, du moins, le vin nous reste ?

Je ferai d'abord observer qu'il n'y a pas de vigne partout en France, et qu'on n'en plante généralement pas dans les plaines humides, ce qui est vraiment fâcheux pour les viticulteurs en chambre, qui ont inventé la destruction du phylloxera par la submersion.

D'ailleurs, nos vignes, dussent-elles résister à tout, c'est encore une bien faible partie du territoire que cette culture représente, et la viticulture n'occupe qu'un 8e environ des paysans français.

Mais là, encore, nous allons rencontrer, d'ici peu de temps, la concurrence étrangère.

Il y a des vignes en Allemagne, en Autriche, en Hongrie, en Russie, en Turquie, en Italie, en Espagne, etc. Quelques-unes de ces contrées : la Hongrie, le nord de la Russie, certaines parties de l'Italie et de la Turquie produisent des vins d'une qualité naturelle absolument remarquable et qui n'attendent, pour faire aux nôtres la plus sérieuse concurrence, qu'une fabrication et un traitement plus intelligent et plus perfectionné.

On a commencé, dans ces dernières années : — et j'ai le plaisir d'annoncer aux libre-échangistes bordelais — qu'avant peu, ils pourront déguster, dans un banquet fraternel d'économistes de tous les pays du monde, des vins de Hongrie, de Crimée, de Chypre et autres qui pourraient bien inspirer quelques inquiétudes au vieux Médoc.

Je me permettrai, à ce sujet, de citer incidemment un des nombreux avantages que nous autres Français retirons des traités et conventions commerciales.

Le droit anglais de 2 schellings par gallon, pour les vins titrant plus de 16 degrés, n'atteint pas nos vins de Bordeaux. Il en résulte que Bordeaux envoie son vin en Angleterre. Cependant, me dira-t-on, nous buvons toujours du vin de Bordeaux ? — Sans doute, nous en buvons ; mais voici comment : Grâce à une convention avec l'Espagne, nous recevons des vins très-alcoolisés et payant peu de droits d'entrée à la frontière. Avec ces vins et d'autres petits vins qui se trouvent un peu partout, notamment dans les Charentes et la Loire-Inférieure, avec aussi quelques gros vins du Midi, on fabrique — je ne sais où — un excellent breuvage, que les bons Français, les libre-échangistes eux-mêmes, peut-être, boivent avec la conviction sincère que la France produit les meilleurs vins du monde.

Et voilà comment nous buvons du vin de Bordeaux !

Mais je vois, à l'horizon, poindre l'aurore d'une ère nouvelle. Ne pourrait-il pas se faire, grâce toujours au libre-échange, que nous fussions obligés de boire nous-mêmes notre vrai Bordeaux.

Est-ce que tous ces vins que je viens d'énumérer n'iront pas jusqu'en Angleterre faire concurrence à nos vins des coteaux insubmersibles de la Gironde ? — Que dis-je ? les Américains, eux aussi, ont des vignes. Ils en ont, sans aucun doute, puisque — grâces en soient encore rendues au libre-échange ! — elles nous ont apporté le phylloxera. Les petits cadeaux entretiennent l'amitié. Leur vin n'est pas bon, c'est vrai, mais ils l'amélioreront ; et ne pourraient-ils point greffer nos excellentes vignes françaises sur leurs vignes résistantes, et obtenir une boisson que les Anglais accepteront comme un présent du ciel ? S'ils le peuvent, ils le feront.

Je donne rendez-vous pour ce moment, dans quatre ou cinq ans, aux libre-échangistes de Bordeaux. Ils seront peut-être à cette époque en meilleurs termes avec les protectionnistes : il sera peut-être trop tard, malheureusement.

La semence libre-échangiste a été imprudemment semée ; elle mûrira.

Mais alors, que nous restera-t-il ?

Nous avons bien d'autres industries agricoles secondaires : elles y passeront comme les autres.

Mais, objectera-t-on, ce moment est fatal, et quel que soit le régime économique adopté, il faudra bien en venir là ? — C'est vrai.

Je l'ai dit au début de cette étude : — Le jour viendra où nous devrons nous contenter, à peu de chose près, de notre consommation intérieure. Seule la nation qui aura le moins d'impôts, le moins de charges, le moins d'entraves, pourra se procurer quelques débouchés extérieurs. Or, cette nation ne sera certes pas la France, à moins que nos gouvernants ne trouvent aussi eux leur chemin de Damas et ne reconnaissent enfin que l'économie dans les dépenses est le seul moyen d'arriver à nous créer une situation qui ne soit pas forcément inférieure à celle de nos concurrents.

Sous quelque régime économique que ce soit, une nation ne pourra bientôt plus prospérer et vivre que si elle supprime le luxe inutile.

Aucune nation n'a plus à faire que la France dans cette voie. Et qui parle aujourd'hui d'économie en France ? Moi seul, et ce n'est pas assez.

La situation est donc exceptionnellement grave.

En présence d'une mauvaise récolte et de prix néanmoins avilis, le paysan n'a encore que de l'étonnement.

L'année prochaine, ce sera de la stupeur.

Dans deux ans, de la révolte.

On ne peut pas, en effet, lui dire que la crise actuelle est produite par la force des choses ?

Cela n'est pas vrai, et il ne le croirait pas.

Il voit les industriels protégés, les commerçants protégés, les uns par la protection, les autres par le libre-échange. Car je l'ai démontré, l'agriculture est sacrifiée par tous les systèmes économiques actuellement en honneur.

Il commence à se fatiguer de toujours travailler sans bénéfice et de toujours souffrir sans se plaindre.

Il s'aperçoit que libre-échange, protection, subvention, tout cela ne signifie qu'une chose : c'est, qu'en définitive, il faudra qu'il paie.

Il ne veut pas du libre-échange, car le libre-échange sacrifie nécessairement l'agriculture. C'est un axiome, je dirai même : c'est l'essence de son principe.

Il ne veut pas davantage de la protection réservée aux industriels et commerçants.

Il demande que ceux qui le gouvernent avec son argent s'aperçoivent enfin que l'agriculture est la première industrie nationale.

Il demande justice.

Il demande qu'on ne le tue pas, il saura se défendre contre les autres.

Car toutes les mesures que l'on prendra : protection, ou simplement droit compensateur, seront insuffisantes dans un avenir prochain, si on ne se décide à la plus importante de toutes, à celle qui peut remplacer avantageusement toutes les autres et qu'aucune ne peut suppléer : la révision du budget des dépenses au point de vue de la plus stricte économie de nos finances, économie qui nous permettra de diminuer notablement les impôts.

L'agriculteur, en effet, ne tient pas à vendre cher ; il veut seulement ne pas vendre à perte.

Si la diminution des charges de toute nature qui écrasent l'agriculture permettait au cultivateur de vendre son à 15 fr. l'hectolitre, tout le monde y trouverait son compte :

Le paysan vivrait de son travail ;

L'ouvrier, ayant la vie à meilleur marché, diminuerait ses prétentions à un salaire plus élevé. L'industrie, conséquemment, produirait dans de meilleures conditions, et pourrait avantageusement lutter contre la concurrence étrangère.

Que veulent donc les agriculteurs ?

Ils veulent l'égalité devant les tarifs.

Ils repoussent absolument le libre-échange, parce que le libre-échange sacrifie par principe l'agriculture, et que son application, si jamais elle pouvait devenir équitable, dépend de circonstances tellement lointaines et difficiles dans la pratique, qu'elles peuvent être considérées comme à peu près irréalisables.

Ils repoussent également la protection telle qu'elle est entendue aujourd'hui, c'est-à-dire favorisant uniquement l'industrie et le commerce, et laissant à l'agriculture le soin de supporter toutes les concurrences et toutes les charges.

Ils repoussent encore bien davantage les primes et les subventions dont ils ne veulent pas pour eux, parce qu'ils refusent de se faire donner une aumône qui serait prise sur d'autres classes de citoyens, et qui actuellement sont accordées à certaines branches de l'industrie et du commerce, et payées, pour la plus grande part comme le reste, par l'agriculture.

Ils demandent si la protection doit être rétablie, ce qui serait probable ; qu'on ne protége pas les uns aux dépens des autres, et que toute production nationale, à commencer par la production agricole, qui est la plus importante des productions nationales, soit efficacement, justement et également protégé par les tarifs à établir.

Ils demandent spécialement, et à titre au moins provisoire, en attendant une protection définitive, s'il y a lieu, et en espérant pouvoir réduire dans l'avenir le prix de revient des céréales en France, grâce à l'économie du budget des dépenses et à la diminution des impôts ; ils demandent, dis-je, un droit compensateur auquel aussi bien en droit qu'en fait, aucun système économique ne peut s'opposer.

Ils demandent qu'on ne fasse point de traités de commerce, parce qu'il est insensé de prendre des engagements certains en vue d'un avenir incertain, et parce que les traités étant obligés de faire des concessions pour obtenir des avantages, ne peuvent jamais que sacrifier l'agriculture, puisque sans cela ils n'auraient aucun avantage commercial ou industriel, et cesseraient, par conséquent, d'avoir une raison d'être.

Ils demandent, enfin, que le Gouvernement s'arrête dans la voie des dépenses, et n'oublie pas que le luxe des travaux publics est, comme tous les luxes, une cause de ruine pour les sociétés ; qu'il y a des limites à tout, même aux bonnes choses, parce qu'elles cessent d'être bonnes lorsqu'elles sont inutiles ; et que, par exemple, des chemins de fer qui ne font pas et ne peuvent pas faire leurs frais, ce qui est le cas de presque tous les chemins de fer d'intérêt local et de plusieurs grandes lignes, ne sont, en réalité, qu'une dépense en pure perte.

Ils demandent qu'on cesse de pousser la France dans la voie déplorable du fonctionnarisme qui est la plaie de la France, comme le militarisme est la plaie de l'Allemagne ;

Ils demandent, enfin, qu'on étudie sérieusement la question du dégrèvement des impôts, droits, charges de toute sorte qui écrasent l'agriculture.

Je prétends, en effet, que l'agriculture paie non-seulement les impôts qui l'atteignent directement et que j'ai énumérés, mais encore en vertu de la répercussion, les impôts dits de consommation.... Je maintiens que la répercussion renvoie toujours, en définitive, la charge au producteur.

Quel est le résultat d'une augmentation de droits sur les produits agricoles ? C'est, dit-on, une augmentation du prix de la main-d'œuvre.

Eh bien ! cette augmentation du prix de la main-d'œuvre est encore une charge immédiate et directe pour l'agriculteur : il perd donc des deux côtés.

D'une part, la concurrence étrangère l'écrase, de l'autre, l'augmentation de la main-d'œuvre le ruine.

En outre, c'est à l'agriculteur que les droits excessifs de circulation ou d'octroi portent le plus grand préjudice.

Je prends un exemple local.

Dans la Loire-Inférieure, le vin paie environ 32 fr. de droit d'entrée à Nantes, par barrique, pour une valeur qui ne dépasse pas quelquefois 15 fr. Qu'arrive-t-il, c'est que la consommation diminue d'une manière sensible, et que le vin produit dans le département ne se vend plus.

Les libre-échangistes me diront : Eh bien ! cela est très-fâcheux pour le consommateur qui ne peut plus boire de vin.

Pardon ! libre-échangiste, vous avez la vue courte. Si le consommateur ne peut plus boire de vin, il boira de l'eau, et il ne mourra ni de faim ni de soif, puisqu'il a d'autres moyens de gagner sa vie. Mais le vigneron qui ne vend pas la récolte sur laquelle il compte, non pour boire, mais pour manger, que fera-t-il ? Il boira du vin, c'est vrai, mais que mangera-t-il, puisqu'il n'a pas pu vendre la partie de sa récolte qu'il destinait à l'achat de son pain ? Ce n'est pas pour lui, producteur, une question de plus ou de moins comme pour le consommateur. C'est une question de vie ou de mort. Vous voyez donc que les impôts de consommation sont encore à la charge du producteur.

L'établissement d'un droit compensateur modéré d'abord, et sans engagement ultérieur de notre part, est donc une nécessité, je dirai même un droit strict pour l'agriculture auquel le libre-échange lui-même ne peut s'opposer sans déclarer du même coup qu'il n'a aucun souci de l'équité et de la justice.

Mais ce palliatif deviendra bientôt insuffisant, car il ne répond qu'à une des difficultés du moment et ne soutient que la production du blé.

Il faudra revenir à la protection complète, car l'agriculture française ne fait pas seulement du blé, et toutes les autres branches de sa production vont se trouver successivement atteintes par les envahissements de la concurrence étrangère.

Nous vivons sous un mauvais régime économique, et la crise dont nous souffrons a commencé en 1860 avec les premiers traités. Elle a progressé comme une maladie lente et mortelle, atteignant successivement toutes les parties de l'organisme ; elle éclate aujourd'hui ; mais il serait insensé de prétendre qu'elle date d'hier.

Elle date de l'établissement du libre-échange, car je puis dire que les traités, s'ils ne sont pas encore, Dieu merci, la liberté commerciale complète, sont, du moins, tout ce qu'on a osé faire dans cette voie.

Je crois en avoir assez dit pour montrer à quel degré de difficultés, de découragement, je pourrais dire d'abaissement, l'agriculture est tombée en France.

Je n'insisterai pas, parce que mon but n'est pas de faire ici cette démonstration : un volume n'y suffirait pas ; je veux me borner à appeler l'attention de l'opinion publique et, par suite, du Gouvernement sur la gravité d'une situation sur laquelle on sera complètement édifié dès qu'on le voudra.

Il n'y a pas aujourd'hui un journal sérieux qui ne soit rempli des preuves de ce que j'avance.

Il n'y a pas une seule revue spéciale qui ne demande un examen approfondi de cette question, et une enquête véritablement sérieuse.

Ce qui n'a jamais été fait jusqu'à ce jour pour l'agriculture.

Il n'y a pas un économiste, pas un agriculteur qui ne soit prêt à parler sur ce sujet lorsqu'on voudra bien l'interroger.

La situation alors sera nette et bien définie.

Ces quelques lignes n'ont point la prétention de suppléer à cette enquête indispensable ; elles se bornent à la demander et à en faire comprendre l'absolue nécessité.

Mon but ici est surtout de montrer que le régime économique adopté par la France est la cause principale de l'état presque désespéré de l'agriculture. — Le libre-échange, voilà l'ennemi !

Mais quand j'aurai prouvé que la protection est aussi nécessaire à l'agriculture qu'à toutes les autres industries vraiment nationales; quand j'aurai démontré que le régime des traités est nécessairement dangereux et funeste aux intérêts agricoles, par la raison bien simple que, pour obtenir une concession sur un point, il faut en faire une sur un autre point, et que les avantages accordés à notre industrie par les traités sont toujours et fatalement compensés par une charge nouvelle imposée à l'agriculture sous forme d'entrée en franchise de produits nouveaux.

Quand j'aurai dit que le libre-échange sacrifie systématiquement 20 à 25 millions d'individus en France pour le plus grand bien de quelques industriels et de beaucoup de fonctionnaires inutiles, qu'aurai-je fait, sinon enfoncer une porte ouverte.

Eh! mon Dieu! tout cela, on le sait bien, et on le cherche; on a décidé, avec un aveuglement qui fait trembler les hommes sérieux pour l'avenir de la France, qu'il était bon de sacrifier l'agriculture à l'industrie; que la France n'avait plus besoin de cultiver le blé, puisque d'autres nations le cultiveraient pour elle à meilleur marché, et qu'en définitive un peuple n'est vraiment grand, heureux, prospère, que lorsqu'il subordonne l'utile à l'agréable, le nécessaire au luxe, le certain à l'inconnu.

Il faut à l'industriel le pain à bon marché, dût-on, pour l'obtenir, faire de la France, un désert. Périsse l'agriculture plutôt que l'article Paris! L'ouvrier, d'ailleurs, crie quand on l'écorche; le paysan est habitué, il ne se défend pas quand on l'attaque.

C'est toujours la gent taillable et corvéable à merci. Le nom seul a changé.

Vous voulez que l'agriculture succombe. Eh bien! je vous dis ceci :

Elle succombera; mais vous tomberez avec elle.

Ce qui la tue, vous tuera...

Le libre-échange est une arme dangereuse maniée par des mains inhabiles.

Nous tomberons les premiers, j'en conviens ; mais vous nous suivrez de près.

Ce n'est plus seulement aux agriculteurs que je m'adresse, c'est à tous les Français qui travaillent. Je vais démontrer, autant que le cadre restreint de cette étude me le permet, que le régime de libre-échange, si beau en théorie, donne la mort à tout ce qu'il touche, et que la concurrence étrangère va très-prochainement ruiner l'industrie et le commerce, comme elle a ruiné l'agriculture.

III.

Il serait superflu de discuter les mérites du libre-échange au seul point de vue des intérêts agricoles : l'anéantissement de l'agriculture nationale est son rêve ; il ne s'en cache pas ; il veut systématiquement remplacer la production agricole, trop onéreuse, par la production industrielle ; et, pour rendre cette dernière encore plus rémunératrice, il cherche à obtenir pour elle, par tous les moyens, la vie, c'est-à-dire la main-d'œuvre à bon marché.

C'est logique ; il faut même lui rendre cette justice qu'il voit plus exactement l'impossibilité pour la France de soutenir la concurrence agricole étrangère, que beaucoup d'agriculteurs français, lesquels en sont encore à chercher s'il n'y aurait pas moyen de faire produire à notre sol ingrat, débile et épuisé, ce que l'Amérique, la Russie, la Turquie, etc., obtiennent sans frais sur des territoires d'une richesse et d'une puissance dont nous n'avons chez nous aucune idée.

Il est donc évident que le libre-échange sacrifie systématiquement l'agriculture.

J'ai montré précédemment, et j'y reviendrai, que la suppression de l'agriculture crée un danger dont les libre-échangistes ne se sont pas rendu compte. Il me reste à prouver que le libre-échange ne rend pas en bien à l'industrie le mal qu'il cause aux intérêts agricoles. Si cette preuve est faite, le libre-échange sera pratiquement condamné.

Je considère comme acquis ce principe libre-échangiste, que l'agriculture n'est point le fait de la France, et qu'elle doit y renoncer.

Cependant, je répondrai en quelques mots à une objection

que pourraient me faire ceux des partisans de ce système qui ne poussent pas les choses jusqu'à leurs conséquences extrêmes.

Depuis les traités de commerce, diront-ils, nous n'avons pas eu de disette. Vous voyez donc que le libre-échange lui-même n'est pas si terrible, car, d'un côté, il est venu en aide à ceux qui, dans notre pays, sont obligés d'acheter le pain qu'ils consomment, et, de l'autre, l'agriculture vit toujours.

Voici ma réponse.

Et d'abord, on souffre quelquefois longtemps avant de mourir, avant même de se décourager tout-à-fait. C'est le cas de l'agriculture.

Elle n'est pas morte, mais elle va mourir. Si elle vit encore, ce n'est pas grâce à vous, libre-échangistes, c'est malgré vous.

En second lieu, nous n'avons pas eu de disette. C'est vrai ; mais nous en aurons, et la raison en est bien simple : la disette n'est pas tant causée par l'absence de production que par de mauvaises mesures économiques. En 1812 et 1816, ce n'est pas le grain qui a manqué, même en France ; mais les lois qui présidaient aux commerces des grains étaient si mauvaises, que beaucoup de gens mouraient de faim, pendant que les grains pourrissaient dans les greniers de certains spéculateurs.

Il en arrivera de même, lorsque la France ne produira plus de blé. Il y aura tantôt abondance, tantôt disette, uniquement par le fait de la spéculation ; et contre cela, nous serons désarmés, car un pays qui ne produit pas de quoi nourrir ses habitants est à la merci de ses fournisseurs ; et lorsque ces derniers n'auront plus besoin des produits industriels qui payaient leur blé, que deviendra celui qui n'aura plus d'agriculture ?

Voyez l'Angleterre, qui est pratique et qui se préoccupe très-sérieusement de cette situation.

Elle suit avec effroi les progrès industriels de l'Amérique. Elle se demande si le jour n'est pas proche où il faudra renoncer à échanger avec ce pays les produits manufacturés qui constituent sa richesse contre le blé, qui lui est indispensable.

Alors, que fera-t-elle ?

Aussi, la voyons-nous s'acharner, malgré tout ce qui lui en coûte, à se créer de nouveaux débouchés dans l'Extrême-Orient, aussi bien qu'en Afrique.

Lorsqu'on n'a pas de pain, il faut avoir de l'argent.

Le blé ne se remplace pas ; quand on en manque, il faut en acheter.

Pour en acheter, il faut vendre quelque chose. Et à qui vendre, lorsque ceux qui achetaient les objets manufacturés en sont devenus producteurs à leur tour ?

Là est le problème. Etendre ses relations commerciales, est le seul parti à prendre. C'est le moyen de prolonger son existence, d'abord ; plus tard, son agonie. Les Anglais peuvent le faire. Mais nous ?

L'état économique sur lequel se base le principe du libre-échange se modifie de jour en jour et tend à disparaître graduellement.

Il disparaîtra, sans aucun doute, dans un temps donné.

Ce principe est le suivant :

Produisez ce que vous pouvez produire à bon marché ; livrez-le aux nations qui ne peuvent le faire dans d'aussi bonnes conditions, afin d'acheter vous-mêmes ce que ces nations peuvent produire à bon marché. C'est-à-dire, vous, Français, produisez ce vin que le monde vous envie et paie au poids de l'or ; fabriquez ces objets de luxe pour lesquels vous êtes sans rivaux, et achetez à l'étranger son blé, qu'il peut vous fournir à bon compte, et ses matières premières, que vous transformerez en objets fabriqués, pour les lui revendre.

Ce principe a pu être vrai. Il l'est déjà moins ; bientôt, il ne le sera plus.

Voici, par exemple, l'Amérique, dont notre industrie tirait autrefois tant de matières premières, qu'elle transformait dans nos manufactures et qu'elle réexportait ? La voici devenue fabricante à son tour.

Grâce à un système souvent prohibitif, que le naïf principe de la fraternité des peuples condamne, elle en est arrivée à se créer un outillage complet et merveilleux, et à transformer elle-même ce qu'elle produit.

Hier, elle était notre tributaire.

Aujourd'hui, elle se passe de nous.

Demain, ses produits encombreront nos ports et nous enlèveront nos principaux débouchés.

Que faire à cela ?

Rien. Car l'évolution naturelle de l'humanité, c'est la lutte pour l'existence appliquée à l'industrie humaine.

Il n'est pas au pouvoir du vieux monde de dire au nouveau : « Tu n'iras pas plus loin. »

L'Amérique envoie, cette année, des cotons filés sur le marché de Londres.

L'année prochaine, peut-être, ses étoffes de coton iront jusqu'en Chine, faire concurrence aux produits anglais.

Croyez-vous que l'Angleterre, qui exporte dans l'Inde pour 20 millions de livres sterling d'étoffes de coton, tous les ans, va rester libre-échangiste vis-à-vis de l'Amérique ?

Non, certes. Elle va devenir protectionniste et frapper de droits les produits américains dans ses colonies. Et elle fera bien.

Si un traité de commerce était conclu — ce qu'à Dieu ne plaise — entre la France et l'Amérique, nous verrions bientôt les alcools de grains d'Amérique entrer en France à la faveur d'une exemption presque totale de droits, alors que les 140 fr. par hectolitre, que nos eaux-de-vie paieraient à la douane américaine, ne tarderaient pas à en rendre l'exportation impossible.

Qui nous dit que, dans un avenir peut-être prochain, les Bordelais eux-mêmes, ces apôtres, ces vrais précurseurs — et pour cause — du libre-échange, ne demanderont pas qu'on établisse des droits sur les vins de Hongrie et tant d'autres, dont la qualité naturelle est incontestablement bonne, et dont la fabrication s'améliore tous les jours.

Autre exemple encore plus frappant :

Les soieries de Lyon se croient sans doute bien à l'abri d'une concurrence américaine ? Eh bien, c'est une erreur. On fabrique aujourd'hui à la vapeur des rubans en Amérique, et bientôt nous verrons la fabrication lyonnaise demander, aussi elle, à être protégée.

Le libre-échange suppose, avant tout, l'égalité des charges ; car celui qui paie 100 fr. pour produire un objet d'une valeur de 200 fr., ne gagne que 100 fr., tandis que celui qui paie 10 fr. gagne 190 fr. C'est donc une protection cachée de 90 fr., qui lui est accordée par celui qui paie 100 fr.

Le Français payant presque 80 fr. d'impôts par tête, ne peut donc lutter à armes égales avec le Suisse, par exemple, qui paie 15 fr. ; et si on établit le libre-échange entre ces deux pays, cela ne peut produire qu'un désastre pour le Français ; car, dans ce cas, le soi-disant libre-échange n'est qu'une protection inavouée accordée à l'étranger.

Un traité de commerce conclu sur les bases du libre-échange entre ces deux peuples est donc un marché de dupes pour le Français.

Donc, pas de libre-échange possible, s'il n'y a égalité des charges publiques supportées par les nations contractantes.

Donc, pas de libre-échange possible entre la France et n'importe quelle autre nation, car aucune nation n'est aussi surchargée d'impôts que la France.

Le libre-échange, enfin, suppose la fraternité des peuples. Or, il me semble qu'il faut être aujourd'hui plus que naïf, pour croire à ce rêve.

Cela, cependant, serait de toute nécessité, car le libre-échange amènera forcément pour une nation la cessation de la production qui lui coûtera trop cher et qui lui rapportera trop peu. Or, cette production pour la France, ce sera le blé, c'est-à-dire une matière de première nécessité.

Il arrivera donc forcément que la France cessera de produire du blé. Il arrivera, par suite, qu'elle sera à la merci de l'étranger; car, elle pourra bien produire autre chose que du pain, mais elle ne pourra pas manger autre chose.

Cesser de produire du blé, pour une nation, c'est se suicider. Si le simple bon sens ne suffisait pas pour faire comprendre cette vérité, je dirais : Lisez l'histoire !

Rome, devenue la seule grande puissance du monde, crut qu'elle pouvait cesser de cultiver le blé. Mais la situation fut jugée si grave par les Romains eux-mêmes, que le peuple exigea dans les greniers de l'Etat un approvisionnement de sept années d'avance.

Une tempête arrêtant les navires;

Une récolte, perdue dans les pays producteurs, auraient suffi à affamer le peuple le plus puissant du monde.

Rome périt.

Ne cessons pas de produire du blé, car le blé ne se remplace pas.

Le jour où nous n'aurions plus de pain, à quoi nous servirait d'avoir de l'or, s'il plaisait à nos fournisseurs de nous déclarer la guerre et de cesser de nous approvisionner ?

Donc, le libre-échange est une erreur funeste; car, en outre de tous les vices que je viens d'exposer, il suppose la fraternité des peuples, utopie évidemment irréalisable ou d'une réalisation si éloignée, qu'elle peut passer pour telle.

Mais il y a plus.

Il n'est même pas besoin d'une guerre pour produire la disette lorsqu'on ne produira plus de blé en France.

Lors même, en effet, qu'entre nous et les nations restées seules productrices de blé, régnerait l'entente la plus cordiale, qui empêchera ces nations de fixer elles-mêmes la valeur du blé qu'elles seront seules à détenir et dont nous ne pourrons nous passer.

Rien, évidemment.

Nous serons dans un état, sinon de famine, du moins, de perplexité continuelle.

C'est alors qu'on verra ce que vaut la richesse dans un pays qui n'a pas de pain.

Mais, dira-t-on, il faudrait pour affamer la France que toutes les nations s'entendissent.

Et pourquoi ne le feraient-elles pas ?

Du reste, cela n'est pas nécessaire.

S'il est vrai, d'une part, que la concurrence force dans certains cas, à baisser les prix pour écouler sa marchandise; il est certain, d'autre part, que les détenteurs d'une marchandise indispensablement demandée, peuvent l'augmenter presque indéfiniment.

Je suppose que sous l'âge d'or du libre-échange, alors que la France aura cessé de cultiver le blé, l'Amérique juge bon de porter son prix à 40 fr. ou plus l'hectolitre.

La Russie mettra-t-elle nécessairement le sien à 20 fr.? Et pourquoi le ferait-elle, puisque nous serons contraint de rester acquéreur à tout prix.

Cent millions d'hectolitres de froment de moins sur le marché du monde, c'est quelque chose, et ce ne sera pas seulement la production de la France qui manquera, ce sera celle de la plus grande partie de l'Europe.

En outre, les pays, seuls producteurs se seront ouverts de nouveaux débouchés dans l'Inde et en Chine, où chaque année des millions d'êtres humains meurent de faim; et, alors, quelle sera la nécessité pour les nations productrices de nous vendre le blé bon marché, lorsqu'avec la facilité des communications que l'avenir nous réserve, elles seront certaines d'en opérer le placement chez des peuples qui auront eux aussi pris l'habitude libre-échangiste de se faire nourrir par l'étranger.

Voilà donc la situation créée, non-seulement à l'agriculture, mais à la nation française tout entière, par le libre-échange.

Si le régime économique actuel est continué, l'agriculture qui agonise aujourd'hui, mourra demain ; c'est une question de temps et de peu de temps.

Mais, si l'agriculture meurt, que deviendra la nation française ? Je voudrais pouvoir dire, ce serait encore une sorte d'espérance, qu'elle entrera dans l'inconnu ; mais non, cela ne serait pas vrai. L'état d'un pays qui ne produit pas ce qui est indispensable à son existence est parfaitement connu ; c'est là crise à l'état chronique, c'est l'inquiétude universelle, la spéculation à outrance, la famine érigée en système ; c'est la question d'être ou n'être pas, subordonnée aux chances douteuses d'une situation industrielle et commerciale, qu'un rien peut modifier et dont la moindre modification peut devenir une cause de mort.

C'est le superflu avant le nécessaire, l'incertain remplaçant le certain, la patrie après l'humanité.

Or, qui ne voit la redoutable gravité d'une semblable situation.

Mais alors, me dira-t-on, c'est donc à la protection que vous demandez le remède à nos maux ?

Qu'est-ce que la protection, telle qu'on l'entend aujourd'hui, répondrai-je, sinon l'industrie et le commerce, protégés aux dépens de l'agriculture.

Oui, je veux en principe la protection, parce que la protection est la seule théorie qui place les intérêts de la patrie avant les intérêts étrangers ; mais je ne veux pas de la protection partielle qui n'est en réalité qu'une aggravation du libre-échange.

Je veux la protection pour tous, y compris ceux qui en ont le plus grand besoin et qui en sont les plus dignes, les cultivateurs. Et qu'on les remarque bien, ce n'est point uniquement à cause des intérêts agricoles sacrifiés que je demande qu'on revienne, en France, au système protecteur absolu, c'est parce que le libre-échange tuera, non-seulement l'agriculture, mais aussi l'industrie, et, par conséquent, la France elle-même.

IV.

Il est une chose à laquelle aucun économiste, en vertu d'aucun principe ne peut s'opposer, c'est l'établissement d'un droit compensateur établi à l'entrée des blés étrangers en France.

Les protectionnistes, évidemment, ne peuvent y trouver à redire, puisqu'ils ont pour principe de soutenir la production indigène contre la concurrence extérieure et qu'ils n'oseront pas dire que toutes les industries nationales, sauf l'agriculture, méritent d'être protégées.

Les libre-échangistes ne peuvent non plus rien objecter, puisqu'il ne s'agit pas d'une protection, mais d'une égalisation moyennant laquelle l'agriculture n'aurait plus le droit de s'opposer au libre-échange.

Que reste-t-il donc ?

Un sophisme dont il est facile de démontrer la fausseté.

On dit : Mais cette compensation que vous réclamez, elle existe déjà.

La garantie de sécurité obtenue à l'aide de l'impôt égalise les conditions de la juste concurrence entre les nations civilisées et celles dont vous craignez l'importation.

En France, le blé que vous produisez vous coûte cher, mais il vous appartient sans risques.

A l'étranger, au contraire, le blé coûte peu à produire, mais celui qui le récolte n'est pas sûr d'en toucher le prix.

En d'autres termes :

La sécurité obtenue, chez nous, par l'élévation des charges publiques égalise les conditions de la lutte avec les nations qui produisent à meilleur marché, mais chez lesquelles cette sécurité manque.

Qu'est-ce que cela veut dire ?

Le manque de sécurité ne peut être une compensation au surcroît d'impôt, que s'il en résulte un mal pour la production. Or, ici, les faits servent de conclusion naturelle raisonnement.

La concurrence étrangère existe-t-elle, oui ou non ?

Y a-t-il réellement des nations qui peuvent vendre sur nos marchés le blé à meilleur compte que nous-mêmes ?

La réponse n'est pas douteuse.

Alors que devient cette compensation produite par l'insécurité ? Il est évident que si l'insécurité compensait l'élévation des charges, les prix resteraient égaux.

Réduisons donc à sa juste valeur, c'est-à-dire, à néant ce sophisme sur lequel on s'appuie pour refuser l'établissement de droits compensateurs.

Vous, Français, vous payez 77 fr. d'impôts par tête ; mais vous êtes sûr que votre récolte ne vous sera pas enlevée, tandis que dans d'autres pays où on paie 3 fr. par tête, on n'est sûr de rien.

La réponse est facile et péremptoire.

Si le paysan français est certain de jouir de sa récolte, c'est tant mieux pour lui, particulier ; mais cela ne change rien à la situation commerciale de la France, ni au prix de revient que coûtent en France les céréales.

Si le paysan russe mange du pain de paille d'avoine et d'écorce de bouleau, à la place du froment qu'il a récolté et que le seigneur lui enlève, c'est très-fâcheux pour lui, particulier, mais cela n'empêche pas cette récolte d'exister.

Or, que cette récolte soit vendue sur nos marchés par le paysan lui-même, ou par celui qui l'a volé, cela revient au même pour nous.

Si le Pacha turc prend la moitié de sa récolte au paysan bulgare ou roumeliote, ou syrien, qu'est-ce que cela peut faire au commerce du monde ?

Je dirai plus : le seigneur russe et le Pacha turc peuvent

vendre d'autant meilleur marché, que la marchandise qui ne coûtait déjà pas cher à ceux qui l'ont produite ne leur coûte rien à eux qui l'ont volée.

Il est donc faux de dire que les droits compensateurs de nos impôts, mis à l'entrée sur les produits étrangers, seraient inutiles et injustes, puisque la sécurité dont nous jouissons nous donne un avantage équivalent au désavantage que nous crée l'énormité de nos charges. Ce raisonnement est un pur sophisme, car il met en balance deux faits : l'un de l'ordre moral, l'autre de l'ordre matériel, qui ne peuvent ni s'équivaloir ni se compenser.

Mais il y a plus.

Ces impôts, ces charges, cette organisation compliquée, savante et qui coûte si cher et dont on veut faire un avantage pour celui qui la paie, à qui donc, en réalité, profite-t-elle ? Est-ce aux Français seuls, et ne serait-ce point également aux étrangers qui viennent chez nous profiter de tous ces avantages, sans avoir eu à les payer ?

Est-ce que nos concurrents sur le marché des céréales ne profitent pas de nos ports, de nos bassins à flot, de nos chemins de fer, de notre bonne administration, de nos gendarmes, de notre sécurité, en un mot, et cela sans bourse délier ?

Et bien ! je le demande, est-ce juste cela ?

Cette sécurité que seuls nous payons, nous en faisons profiter qui ? Nos concurrents. C'est le comble de l'iniquité. Si les étrangers veulent profiter de la sécurité de nos marchés, il faut qu'ils paient, sous forme de droits, ce que nous payons sous forme d'impôt.

La sécurité de la production n'est rien, la sécurité du marché est tout ; or, cette sécurité du marché, nous, à qui elle coûte si cher, nous la donnons aux autres pour rien.

Toujours dupes.

Il ne s'agit pas ici, qu'on le remarque bien, d'échelle mobile, mais d'un simple droit compensateur, extrêmement minime, invariable, et destiné seulement à égaliser, dans une certaine mesure, les conditions de la concurrence.

Seulement je le déclare hautement, la vérité pour moi est dans la protection de toutes les industries nationales, y compris, bien entendu, la première de toutes, l'agriculture ; et lorsque nous y arriverons, cas nous y arriverons, il sera temps d'aviser.

Et qu'on ne vienne pas comparer la situation de la France actuellement, avec celle de l'Angleterre au commencement du siècle.

Le système protecteur des céréales, en Angleterre, avait établi un minimum de 35 fr. l'hectolitre ; il est tombé, et c'était justice, sous la réprobation publique, parce que tout le bénéfice de cette mesure revenait aux grands propriétaires, seuls détenteurs du sol, et parce que le résultat était une aggravation de la misère des travailleurs.

.Or, en France, un système protecteur des céréales produirait le résultat diamétralement opposé, car la situation de la France est absolument l'opposé de celle de l'Angleterre ; le blé protégé en France, c'est le travailleur protégé.

Ce qui était en Angleterre une faveur de plus accordée aux grands propriétaires fonciers, c'est-à-dire à la richesse, serait en France une protection accordée à la majorité des français, c'est-à-dire à 20 millions de travailleurs qui vivent du produit du sol, et font, par leur travail et leur économie, la véritable richesse de la France.

Quel sera du reste le résultat de l'établissement d'un droit compensateur établi à l'entrée des blés étrangers en France ? Il est aisé de démontrer que ce sera la justice pour tous.

De deux choses l'une, en effet : ou bien la récolte sera bonne, ou bien elle sera mauvaise.

Si elle est bonne, le cultivateur pourra vendre son blé moins cher et le consommateur français sera le premier à éprouver les bons effets d'une année d'abondance.

Si elle est mauvaise, le cultivateur ne verra pas, comme

cette année, le blé dont il n'a récolté qu'une faible quantité, baisser encore de prix, par suite de la concurrence étrangère ; il pourra donc demander un prix rémunérateur, sans cependant élever ses prétentions jusqu'à nuire au consommateur, car la concurrence étrangère l'arrêtera au moment précis, où malgré le droit d'entrée, elle obtiendra son bénéfice.

V.

Il est inexact de prétendre que le libre-échange a créé ou augmenté la prospérité de la France ; aucune nation n'a dû sa prospérité à autre chose qu'à la protection.

Cromwell, par l'acte de navigation, a créé la marine anglaise la première du monde.

La France ne doit ses manufactures et ses usines qu'à la protection, et la crise ne date que du libre-échange.

Parler aujourd'hui de la prospérité de la France est une mauvaise plaisanterie.

La Russie ne doit son industrie qu'à la protection.

C'est la protection qui crée la possibilité pour une nation d'expérimenter et de supporter le libre-échange.

Lorsqu'une nation s'est mise, par l'application du système protecteur, en état de lutter avantageusement contre ses rivaux étrangers, elle fait du libre-échange, et à ce moment elle a raison, et celles qui acceptent dans ces conditions des traités de commerce libre-échangistes sont dupes.

J'adresse aujourd'hui cette triste prédiction au Gouvernement français, à la France, à l'Europe :

Si le libre-échange devient malheureusement la loi des nations, l'Amérique nous écrasera tous ; et si nous consacrons par des traités ces principes mortels, nous serons, avant l'expiration des traités, réduits à l'alternative de manquer à notre signature ou de succomber.

Il n'y a pas aujourd'hui de question plus grave que celle-là.

Et je ne me place plus ici seulement au point de vue agricole, je n'ai plus à démontrer que le libre-échange est la ruine absolue, certaine, irrémédiable de l'agriculture; je prétends, et les preuves sont là sous forme de faits authentiques et irréfutables, je prétends, dis-je, que l'industrie et le commerce de la France auront le même sort que l'agriculture.

L'Amérique s'est mise par la protection en état de nous écraser et elle nous écrasera.

Sachons bien qu'aujourd'hui nous ne sommes pas les plus forts ; tâchons d'être les plus habiles.

Nous avons été dupes en acceptant le libre-échange avec des nations plus fortes que nous ; si nous maintenons cette erreur, les Américains pourront, comme l'ont fait les Anglais, dire dans des banquets fraternels que nous sommes le premier peuple du monde : mais en sortant, et tout bas, ils nous traiteront d'imbéciles.

Nous l'aurons mérité, car malheureusement les peuples sont solidaires des fautes de leur gouvernement ; mais nous ne l'aurons pas tous mérité.

Les fautes économiques sont plus difficiles à réparer que les fautes politiques ; et le jour où nous apercevrons la profondeur de l'abîme au fond duquel nous sommes tombés, il sera, je le crains, trop tard pour nous arrêter et pour retourner en arrière.

Et pourtant, qu'il s'en faut peu que nous soyons sauvés ! car c'est en vain que les libre-échangistes veulent étourdir la France par leur éloquence funeste, la France est protectionniste.

Que le Gouvernement la consulte sérieusement avant de s'engager d'une façon irrémédiable.

Je vais plus loin, l'Europe aujourd'hui est protectionniste ; elle l'est à tel point que nous ne trouverons peut-être plus à faire du libre-échange qu'avec l'Amérique ou bien avec des nations plus rusées que la nôtre, qui savent à quels abîmes on peut conduire le peuple français en le traitant de peuple le plus spirituel de la terre.

Oui, nous en arriverons là ; ce sera le comble du libre-échange. Nous recevrons les produits étrangers en franchise, et nous paierons pour qu'on reçoive les nôtres.

Je ne plaisante pas.

Qu'on lise certaines conventions et certains projets de traités, on verra si ce qui semble une plaisanterie n'est pas la stricte vérité.

Nous en viendrons là, généreux Français que nous sommes, et ce sera la fin. *Finis Galliæ.*

Un sophisme économique aura produit ce résultat, que n'avaient pu atteindre les plus épouvantables désastres militaires.

Agriculteurs, vous êtes 20 millions en France. Défendez-vous !

On veut tout simplement vous prendre le fruit de votre économie et de votre travail pour en faire profiter qui ? Les étrangers.

J'ai démontré que le consommateur n'a rien à voir dans cette question. D'ailleurs, les 20 millions d'agriculteurs consomment aussi bien des choses.

Industriels, commerçants, vous êtes 15 millions ; rappelez-vous que lorsque l'agriculture française sera morte, l'industrie et le commerce seront bien malades.

On vous fait croire que vous pouvez lutter à armes égales contre les Américains ; on vous trompe : vous ne le pouvez pas.

Si l'agriculture française est florissante, l'industrie et le commerce seront florissants.

Si le travail national n'est pas protégé, le travail étranger le tuera fatalement ; car il a des armes, et nous avons des entraves.

Français ! restez protectionnistes ; la protection a enrichi tous ceux qui se sont appuyés sur elle.

Voilà un fait ; hors de là il n'y a que des phrases.

C'est donc à la protection qu'il faut résolument revenir.

Je ne dis pas à la prohibition, et le peu que je demande pour l'agriculture, sous forme de droits compensateurs, montre combien mes désirs protectionnistes sont modérés. Mais il faut, et cela est indispensable, la protection pour tous, et non plus comme précédemment, la protection pour l'industrie et le libre-échange contre l'agriculture.

Le régime des traités n'est pas bon en lui-même ; c'est encore là une erreur libre-échangiste dont on reviendra. A quoi bon s'engager ? Mais, répondra-t-on, en s'engageant on engage les autres. Eh bien, ce n'est pas là une réciprocité suffisante.

Mieux vaudrait cent fois un tarif général modéré ; car rien ne force à élever certains droits à un taux exorbitant et ridicule, comme on l'a fait quelquefois.

C'est là encore un des arguments du libre-échange ; mais cet argument est encore mauvais.

Les traités valent mieux, dit-on, que le tarif général, parce que les droits y sont plus modérés. Alors, diminuez les droits du tarif général. Qui vous en empêche ? Etablissez-les de manière à contenter tous les intérêts et à sauvegarder efficacement le travail national : on ne vous demande pas davantage.

L'intérêt personnel est un lien plus fort que la signature ; et une nation même, gênée par l'établissement de droits élevés sur ses produits, ne sera pas assez ennemie d'elle-même pour user de représailles qui lui seraient nuisibles.

Donc, en principe, les traités ne sont ni nécessaires ni avantageux.

En fait, ils sont désastreux, parce qu'ils sont établis de façon à favoriser certaines industries au détriment des autres.

Puisque nos traités sont expirés, ne les renouvelons que si nous ne pouvons pas faire autrement ; et si nous les renouvelons, changeons-en l'économie, de telle sorte qu'aucune industrie n'y soit sacrifiée et que l'agriculture y trouve enfin une protection reconnue nécessaire.

VI.

A ce moment où la France va entrer dans de nouvelles voies commerciales, il faut bien dire quelques mots des erreurs libre-échangistes et montrer que, malheureusement, on se contente encore dans notre pays de belles phrases, d'éloquence, d'esprit, et qu'à ceux qui peuvent fournir cela on ne demande pas autre chose.

Et d'abord nous n'acceptons pas, nous, protectionnistes et partisans de la suppression des traités de commerce, le reproche de n'être pas libéraux.

C'est ici un libéral qui parle, mais un libéral patriote, et non pas un libéral internationaliste.

Le bien des autres peuples m'importe peu ; je veux le bien de la France.

Je ne me paie pas de mots, et quoique le libre-échange paraisse une des formes de la liberté, je le déclare anti-libéral, moi qui veux la liberté sous toutes ses formes.

Je dis que, commercialement comme politiquement parlant, nous devons songer à la France avant tout.

Il ne s'agit pas de savoir si le principe du libre-échange est bon pour le monde en général, il s'agit de savoir s'il est bon pour la France ; de même qu'il ne s'agissait pas de savoir si le principe des nationalités était bon en soi, mais s'il était avantageux pour la France de faire entrer ses voisins dans cette voie. Elle l'a fait cependant, et elle s'en repent. Qu'elle ne fasse pas du libre-échange, car elle s'en repentirait bien davantage.

Pensons à nous ; les autres pensent à eux. Ne nous occupons pas des intérêts des autres, car les autres ne s'occupent point de notre intérêt, au contraire.

Il est temps aussi de réduire à sa véritable valeur, c'est-à-dire à zéro, cet argument des libre-échangistes :

Nous cherchons l'intérêt du consommateur avant tout ; tant pis pour le producteur national. Du moment que le consommateur paiera bon marché ce dont il a besoin, nous nous inquiétons fort peu de savoir d'où il le tire. C'est le consommateur qui seul est intéressant.

Je pense et je dis exactement le contraire : c'est le producteur qui seul est intéressant en France, comme ailleurs. Celui qui consomme sans produire n'est digne d'aucun intérêt.

Mais d'abord y a-t-il des consommateurs non producteurs, et s'il y en a, sont-ils en nombre suffisant pour compter dans un raisonnement ? Car, avec les libre-échangistes, il faut prendre garde à tout et rechercher sous chaque phrase s'il y a une idée, et sous chaque idée s'il y a une réalité.

Eh bien, ici comme en mainte autre circonstance, le libre-échange commet encore une erreur de fait.

Lorsque vous aurez compté comme producteurs tous ceux qui vivent et font vivre de la terre, et les ouvriers industriels et commerciaux, que restera-t-il, sinon quelques fonctionnaires qu'il ne faut conserver que s'ils sont utiles ?

Est-ce que les 20 millions de paysans français ne sont pas producteurs et consommateurs ?

Est-ce que ce n'est pas le résultat de leur production qui leur permet de consommer ?

Est-ce que les ouvriers, ce que vous appelez peut-être les vrais consommateurs, ne sont pas producteurs de travail ; et croyez-vous que lorsque vous aurez ruiné les industries qui les font vivre en les abandonnant à la concurrence étrangère, vous leur aurez rendu un grand service ?

Est-ce que vous pensez qu'il vaut mieux consommer à bon marché sans produire, que de payer plus cher en produisant, et par conséquent en gagnant beaucoup ?

Cette théorie, qui consiste à opposer les consommateurs aux producteurs, est donc fausse.

Les consommateurs sont en même temps producteurs. Favoriser les premiers aux dépens des derniers, est une erreur et une utopie, et, de plus, le principe est anti-social.

Si chaque citoyen est composé d'un producteur doublé d'un consommateur, favorisez le producteur et le consommateur ne se plaindra pas.

Vous dites, en effet : le libre-échange a pour résultat de faire concourir les étrangers sur nos marchés avec nos producteurs nationaux. Or, l'effet de la concurrence étant de faire baisser les prix, ce sont les consommateurs qui bénéficient du libre-échange.

Eh bien, je prétends que la protection, étant donné les circonstances économiques actuelles, ne changera pas ou changera à l'avantage du consommateur cet état de choses.

D'abord, il arrivera certainement que si nous mettons des droits sur les produits étrangers similaires aux nôtres les étrangers nous rendront la pareille. Tant mieux. Il en résultera que si d'un côté nous importons moins, de l'autre nous exporterons moins ; et comme il n'y a pas de raison pour que les producteurs nationaux aiment mieux garder leurs produits que de les vendre, les prix ne hausseront pas.

Si les prix haussent, c'est que l'ouvrier travaillera davantage et gagnera davantage ; les proportions seront encore gardées.

De plus, quelle est la cause de la baisse sous le régime du libre-échange ? c'est la concurrence. Or, la concurrence n'a pas besoin de venir de l'étranger pour exister, elle s'établira à l'intérieur et la production, comme je l'ai dit, étant suffisante, les prix ne hausseront pas.

En outre, comme toutes les nations se mettent à produire et à fabriquer le plus possible, les marchés étrangers vont nous être fermés dans tous les cas par la protection que chaque état va établir chez lui d'abord, et ensuite par la force des choses, car nous ne pourrons évidemment lutter avec des produits manufacturés chez nous au moyen de matières premières venant de l'étranger, contre les produits fabriqués par l'étranger avec ses propres matières premières.

Enfin, si l'on s'aperçoit que l'industrie va trop vite en France et que manquant de débouchés à l'extérieur elle est obligée de limiter sa production, il en résultera que beaucoup de bras retourneront à l'agriculture. Ce dont je me félicite au nom des agriculteurs, et ce qui sera certainement un grand bonheur pour la France.

Faut-il répondre au reproche aussi peu mérité que les autres adressé aux protectionnistes de vouloir faire renchérir le pain de l'ouvrier. Oui. Il faut y répondre, car les calomnies, quelque ineptes qu'elles soient, trouvent toujours de l'écho.

Eh bien ! ce reproche est faux en théorie et en pratique.

En théorie, je viens de le prouver, et je le repète, celui qui gagne 3 fr. par jour et qui paie le pain 35 centimes le kilog. est plus heureux, et en réalité paie moins cher que celui qui paie 25 centimes et qui ne gagne rien.

Or, pour que l'ouvrier continue à gagner il faut protéger son travail.

En pratique, voyons les faits et les chiffres. Un Prussien libre-échangiste vient de soutenir qu'un droit compensateur de 60 centimes par cent kilos est inadmissible, parce qu'il ferait renchérir le pain de l'ouvrier.

Ce Prussien a parlé, ce qui arrive à beaucoup de gens, d'une chose qu'il ne connaissait pas. Je vais la lui apprendre.

60 centimes par cent kilos font un cinquième de centime par livre de pain.

Je tiens les chiffres de détail à la disposition de ce Prussien et des adversaires des droits compensateurs en général.

Je vais plus loin : je dis qu'un droit compensateur serait une mauvaise plaisanterie s'il n'est d'au moins 3 fr. par cent kilos. Or, voulez-vous savoir ce que cela fait : un centime par livre de pain.

Or, que le blé vaille 20 fr. ou 22 fr. 50 c. l'hectolitre,

le prix du pain ne change pas, le boulanger gagne plus ou moins, voilà tout.

Examinons maintenant quelques affirmations libre-échangistes qui viennent de se produire, et jugeons ce qu'elles valent.

Il a été dit sur cette question, dernièrement, bien des choses étonnantes, mais assurément rien de plus singulier que les affirmations de certains membres et les plus haut placés, de l'association pour la liberté, du commerce et de l'industrie, ces ardents apôtres de la liberté comme les appellent le compte-rendu.

Je relève d'abord cette phrase de l'un des orateurs : « Ne voyons-nous pas d'ailleurs les tristes résultats de la » protection en Amérique. »

Comment, Monsieur, vous voyez les tristes résultats de la protection en Amérique.

Est-ce bien sérieusement que vous avez pu prononcer cette phrase ; et si vraiment vous voyez de tels résultats, n'auriez-vous pas pu en citer quelques exemples : je vais le faire pour vos auditeurs, si, par hasard, ils me lisent, et pour vous.

Le premier résultat du système économique adopté par l'Amérique est le suivant.

La dette publique de l'Etat diminue tous les ans et la reprise des paiements en espèces s'effectue tous les jours.

L'excédant des exportations sur les importations dans le dernier exercice ont été de 295 millions de dollars, près d'un milliard et demi de francs ; cet excédant a été payé aux Américains avec notre or.

Or, cet excédant est bien ici un indice de la prospérité des affaires, car il a apporté aux Etats-Unis l'or nécessaire aux paiements en espèces et il se compose en parties d'objets alimentaires, de première nécessité ou de nouveautés industrielles qui étaient bien un excédant de la production du pays.

La situation agricole est tellement triste dans le nouveau

monde, qu'il envoie cette année en Europe environ 30 millions d'hectolitre de froment, la moitié de la production de la France dans une bonne année, sans parler du maïs, de l'avoine, etc.

Ce n'est pas tout. Plus de 30 steamers, appartenant à deux compagnies seulement vont être construits exclusivement pour transporter sur nos marchés, les céréales, les viandes fraîches et conservées, le bétail vivant toutes choses qui écraseront de plus en plus notre production, et comme le disent ceux qui ne voient qu'un côté de la question, et le plus petit, il serait bien étonnant avec tout cela que le prix du blé et de la viande ne baissât pas en France.

Qu'on ne vienne donc pas nous parler des tristes résultats de la protection aux Etats-Unis.

Jamais les Etats-Unis n'ont été plus prospères, jamais le nouveau monde n'a paru plus menaçant pour l'ancien, et jamais la nécessité de nous défendre contre cet envahissement immense, ne s'est imposé davantage à nous.

Ah! il est vrai qu'une nation souffre encore plus peut-être que la France du nouvel état de choses ; mais cette nation, quelle est-elle ?

La réponse est accablante pour les libre-échangistes, car cette nation, c'est précisément celle qui a fondé le système de la liberté commerciale, l'Angleterre.

Voilà un fait évident.

En Angleterre, que voyons-nous aujourd'hui ? Je ne parle pas des faillites nombreuses qui ont jeté le trouble dans toutes les affaires financières.

Mais pour nous en tenir aux faits précis, les manufactures, les usines, les mines cessent de travailler ou diminuent les salaires.

Voici que les entrepreneurs de travaux de toutes sortes les imitent et déclarent ne plus pouvoir travailler aux conditions actuelles.

Le capital coûteux des vieilles industries se trouve annihilé par la concurrence à bon marché des industries plus avantagées par la nature du nouveau monde.

L'agriculture joint sa voix à ce concert désolant et les fermiers ne peuvent plus, devant un revenu qui a cessé d'être rémunérateur, continuer à donner les mêmes salaires aux travailleurs agricoles; tout cela malgré le bon marché des céréales, ce qui prouve la fausseté du principe libre-échangiste, qui consiste à dire que ce bon marché suffit pour soutenir la concurrence.

Des navires en grand nombre s'en vont sur lest en Amérique chercher les matières premières dont la fabrication ne peut se passer, augmentant ses frais d'autant et les manufacturiers exportent à perte, leurs produits dans les colonies.

Je ne fais point de phrases, je cite des faits ; pourra-t-on les nier ; c'est impossible : les enquêtes, les journaux spéciaux, les déclarations officielles sont là.

Bien plus, l'Angleterre s'aperçoit aujourd'hui qu'elle ferait fausse route en s'obstinant dans la voie du libre-échange et vous voyez aujourd'hui les protectionnistes relever la tête, au grand étonnement des partisans du libre-échange qui les croyaient définitivement écrasés sous leurs sophismes et leurs théories creuses.

Ils triompheront, car ils ont pour eux la raison et l'évidence.

Mais, sans aller si loin et sans sortir de chez nous, ne trouvons-nous pas dans plusieurs de nos industries et non les moins florissantes, la preuve de la nécessité et des excellents résultats de la protection, car, Dieu merci, nous n'avons pas toujours été libre-échangistes, nous n'avons même commencé à le devenir que du jour où nous avons pensé que le système protectionniste nous avait suffisamment armés pour la lutte.

Ai-je besoin de rappeler, pour ne citer qu'un fait, que l'industrie de la fabrication du sucre de betterave est dû à la prohibition d'abord, suivie au moment opportun d'une simple protection, et n'est-ce point à la surtaxe de pavillon à laquelle, entre parenthèses, nous devrions bien revenir, que notre marine doit la prospérité dont elle a joui si longtemps.

Aujourd'hui, la Russie nous imite ; elle a établi, pour favoriser la fabrication du sucre indigène, un système prohibitif, dont les résultats sont merveilleux ; les fabriques et les raffineries abondent actuellement en Russie et fournissent la majeure partie de la consommation.

La situation industrielle est tellement triste en Amérique, que les manufacturiers de ce pays, non contents d'envoyer, non plus des balles de coton, mais des cotons filés sur le marché de Londres, se préparent à s'emparer des débouchés anglais pour les cotonnades. Le général Grant voyage en Chine et dans l'Inde, pour préparer cet événement. Résultat triste, d'après l'orateur, mais direct de la protection qui enfanta les manufactures américaines.

Que M. Passy consulte à ce sujet M. Gladstone.

Autre exemple s'appliquant à la France :

L'Amérique produit aujourd'hui, à la vapeur, des rubans qui font déjà concurrence à la fabrication lyonnaise.

Boston fournit déjà plus d'articles de modes aux Etats-Unis que l'industrie parisienne, et le bon goût des modistes de cette ville suffit, paraît-il, aux Américaines, malgré la prétention française d'être supérieure en cela au monde entier. Cela a pu être vrai, mais tout change en ce monde, surtout la mode.

Le Français n'est supérieur aujourd'hui aux autres peuples que par sa naïveté et sa générosité dont il fera bien de se défier ; car la générosité en affaires, c'est le vrai moyen de se faire duper.

L'Amérique produit et exporte aujourd'hui des cuirs travaillés, des machines agricoles, des locomotives, et non-seulement elle suffit à son propre marché et supprime par le bas prix auquel elle atteint, en travaillant chez elle ses propres matières premières, la concurrence anglaise et la nôtre ; mais encore elle s'empare déjà de nos débouchés, bientôt elle écrasera notre marché ; et, grâce au libre-échange, viendra chez nous ruiner nos industries comme elle ruine notre agriculture.

Les libre-échangistes ont rangé la balance du commerce dans les vieux fatras, et ils ont pris la charmante habitude de traiter ceux qui croient à cette vieillerie, des noms les moins doux. Mais, par exemple, ils n'expliquent pas comment il pourrait bien arriver que celui qui a donné son or pour se procurer des objets qu'il consomme est aussi riche en numéraire après cette opération qu'avant ; ils le disent, et ils le disent si élégamment, qu'on le croit.

Eh bien, cela est encore une erreur libre-échangiste, et voici un fait que je les mets au défi de nier :

Nous avons acheté pour 600 millions de céréales en France, pendant le dernier exercice. Où sont allés ces 600 millions de numéraire ? Dans les pays qui nous ont fourni des céréales, en Amérique notamment. Voilà la théorie, les faits y sont-ils conformes ? Cela est indubitable, puisque l'or est au pair aujourd'hui en Amérique et que les paiements en espèces sont repris sans difficulté.

L'Amérique a cette année un excédant d'exportation d'un milliard et demi. C'est un milliard et demi de numéraire qu'elle possède en plus et dont elle se sert : cela est vrai incontestablement ; cela est-il un avantage, sans aucun doute ; donc la balance du commerce est favorable aux Etats-Unis.

Et quel est le système qui a permis aux Etats-Unis d'arriver à ce résultat ?

La protection seule, en augmentant, d'une part, les produits de la douane et en favorisant, d'autre part, la création des manufactures et des usines qui couvrent aujourd'hui son territoire.

Mais qu'on le sache bien, les Etats-Unis ne sont encore qu'à leurs débuts, brillants débuts qui présagent des jours difficiles pour la vieille Europe ; et comme ils marchent à pas de géants, nous allons voir de jour en jour grandir cette invasion d'un nouveau genre.

Ce n'est pas tout, l'Amérique du Sud n'a pas encore dit son mot, elle va le dire. Pensez-vous qu'elle va continuer à abattre des bœufs par centaines de mille, uniquement pour la peau qu'elle envoie brut en Europe ?

Avant un an, de puissantes compagnies vont s'installer pour conserver la viande qui pourrit aujourd'hui au soleil, et nos usines de conserves n'ont qu'à se bien tenir. Et puis, des manufactures s'établiront pour ouvrer le cuir sur place.

Et l'Australie, restera-t-elle en arrière ?

Après la laine, ce sera le suif ; après le suif, la viande qu'elle nous enverra.

Ah ! nous ne manquerons pas d'objets d'alimentation, aimable libre-échange, il nous fournira le pain et la viande et tout le reste à bon marché ; mais nous donnera-t-il aussi l'argent nécessaire pour acheter tout cela, même à bon marché ; l'argent, où en trouverons-nous, l'industrie agonisera, le commerce se traînera péniblement en attendant une mort prochaine et sûre ; l'agriculture ne sera plus qu'un souvenir.

Qui paiera l'impôt ?

Ce ne sera plus la France.

Ce ne sera même pas la douane.

Nous aurons tout pour rien et rien pour le payer.

Prenons garde, nous pourrions bien être les seuls dans le monde à conserver les illusions libre-échangistes.

Voilà que les peuples se dérobent à notre générosité, l'Allemagne a fait son choix : elle est protectionniste, cela peut nous déplaire, mais son intention n'est pas de nous être agréable ; elle cherche, avant tout, son intérêt, et elle croit le trouver dans la protection.

L'Autriche s'aperçoit aussi qu'elle a bien des industries qui se sont dernièrement développées à défendre contre les similaires étrangers.

Les vins de Hongrie, contre nos vins de Bordeaux, ses soieries remarquables contre notre fabrication lyonnaise, ses modistes viennoises même, contre nos modes parisiennes et elle devient protectionniste.

L'Angleterre, après avoir été autrefois protectionniste, s'était un beau jour aperçu que, possédant des bras, de la houille, etc., elle pouvait inonder le monde de produits manufacturés dont le prix lui permettrait d'acheter le blé et les autres choses de première nécessité qui lui manquent; elle est devenue libre-échangiste, et elle n'a pas tardé à trouver des naïfs, à commencer par nous pour l'aider à s'enrichir. Mais aujourd'hui, elle s'aperçoit que l'avantage qu'elle avait sur nous naguère, l'Amérique l'a aujourd'hui sur elle, et vous la voyez tenter un retour vers la protection.

L'Amérique, après avoir passé par le système protecteur et souvent prohibitif qui lui a permis de se fabriquer des armes pour la lutte, évolue dans un sens contraire.

D'une part, si elle considère son passé, elle voit que la protection a couvert son territoire d'usines et de manufactures qui lui permettent de ne plus redouter la concurrence étrangère.

D'autre part, considérant ses innombrables richesses en fer et en houille, décuples de celles de l'Angleterre, ses mines de pétrole, etc., la fertilité presque sans limites de ses territoires de l'Ouest, son immense production de céréales, elle se demande si un essai du libre-échange ne serait pas bon à tenter, si le moment psychologique ne serait pas venu de faire volte-face et de fouler aux pieds un principe, qui, comme la plupart des principes économiques, est bon seulement quand il est opportun, et elle hésite, croyez bien que l'amour de l'humanité en général ne sera pour rien dans la décision qu'elle va prendre.

Eh bien, qu'est-ce que tout cela prouve?

Cela prouve qu'en matière commerciale, chacun considère son intérêt du moment et pas autre chose. Mais conclure de ce que l'Angleterre a été libre-échangiste, de ce que l'Amérique va peut-être le devenir à la nécessité pour la France, d'adopter ce système, c'est vraiment le comble de l'absurdité.

Notre premier mouvement doit être de nous tenir en garde, et nous devons nous dire, lorsqu'une nation parle de supprimer les frontières commerciales, que cette nation doit avoir à cela un intérêt personnel, et qu'adopter sans mûr examen et sans nous placer comme elle, au point de vue de nos seuls intérêts, un système préconisé par nos rivaux, c'est donner, tête baissée, dans le piége qu'ils nous tendent, c'est fournir des armes pour nous battre, c'est faire de la philanthropie, de l'humanitarisme, de la fraternité, avec des gens qui ne songent qu'à faire passer notre argent dans leurs poches.

Il est vraiment pénible d'entendre des Français dire : Soyons libre-échangistes, puisque Robert Peel, qui a créé la fortune de l'Angleterre, a abandonné le protectionnisme pour se ranger sous la bannière du libre-échange.

Je dis moi : Si Robert Peel, a fait cela, c'est une raison pour nous de faire le contraire, car Robert Peel avait en vue l'intérêt de sa patrie ; nous ne devons penser qu'à l'intérêt de la France, et la situation des deux pays est essentiellement différente.

L'Angleterre ne produisant pas assez de blé pour nourrir ses habitants, il fallait gagner de l'argent pour acheter du du pain, et avoir le pain au meilleur marché possible, afin de gagner le plus d'argent possible. Robert Peel a bien fait.

La France produit du blé ; non-seulement pour nourrir ses habitants, mais encore le travail agricole fait vivre la majorité des Français ; nous avons donc toutes les raisons du monde pour protéger en France l'agriculture.

La seule question que l'on dut se poser à ce sujet en France, est celle-ci :

Quel est le meilleur moyen de protéger le cultivateur français sans nuire aux autres classes de la population ?

Eh bien, économistes beaux orateurs, moi qui ne suis qu'un agriculteur, je vais vous faire quelques prédictions que je vous engage à méditer, et vous dire ce que deviendra prochainement la France avec le régime des belles phrases et des raisonnements vides.

La France cessera d'abord de produire du blé, parce que le cultivateur français, accablé d'impôts, ne pourra pas lutter contre l'Amérique, la Russie, la Turquie, la Roumanie, l'Egypte, etc., etc.

Elle cessera de produire du bétail, parce qu'elle ne pourra pas lutter contre l'immense quantité de viande fraîche ou conservée, bœufs, moutons, etc., que lui enverront les plaines de la Plata et les pâturages de Far-West, sans parler de l'Angleterre, de la Belgique, de l'Allemagne et de l'Italie.

Elle cessera de produire des chevaux, lorsque la concurrence se sera établie entre l'Angleterre, l'Allemagne et les pays du Nord, d'une part, telle que la Russie qui possède seize millions de chevaux contre nous deux millions, et la Hongrie, d'autre part.

Elle verra sa production de vin atteinte par la concurrence du vin de Hongrie, d'Italie, de Crimée, etc.

Ses alcools, par les alcools de grains des Etats-Unis.

Elle cessera de produire de la laine, parce que la laine pressée de l'Australie coûte moitié moins rendue en France que la nôtre ne nous coûte à produire.

Elle cessera de construire des machines, parce qu'elle n'a ni fer, ni houille.

Elle cessera de fabriquer des étoffes, parce que la nation qui produit le coton, les fabriquera elle-même.

Elle cessera toute production et tout commerce, parce qu'il se trouvera toujours un point sur lequel elle se trouvera désavantagée vis-à-vis d'une autre nation et la France est désavantagée à cause de ses impôts.

Est-ce cela que vous attendez, et si vous dites que j'exagère que cela n'arrivera pas, ou n'est pas prêt d'arriver, vous ne direz pas au moins que les conditions de concurrence que j'indique ne rendront pas le travail national particulièrement difficile, ingrat et improductif.

Eh bien, direz-vous, lorsque cette ère de prospérité arrivera, lorsque la concurrence atteindra tout, nous aurons tout à bon marché.

Qui, nous ?

Vous peut-être, mais ceux qui ont besoin de travailler pour vivre, avec quoi paieront-ils tout, même à bon marché, il n'y a qu'une richesse, c'est le produit du travail : quand une nation ne veut pas ou ne peut pas travailler, elle est pauvre; l'argent n'est pas comme l'a dit un autre orateur libre-échangiste une des formes de la richesse, il en est une des manifestations.

Le libre-échange universel, amènerait un bouleversement général dont toutes les conséquences fâcheuses sont impossibles à prévoir ; on peut cependant dire que la France serait la première et la plus fortement atteinte et qu'aucune nation n'est moins faite qu'elle pour le libre-échange, parce qu'aucune n'est actuellement dans des conditions de production plus coûteuse et plus difficile, tandis qu'au contraire, aucune nation ne peut mieux supporter la protection, parce qu'aucune ne peut aussi complètement se suffire à elle-même.

Vous voulez appliquer à l'économie politique ces trois mots magiques : Liberté, égalité, fraternité.

Laissez-moi vous dire où vous conduisez avec cela votre pays.

La liberté, quelle sera-t-elle ?

Ce sera le droit pour les nations étrangères de concourir sur nos marchés, sans payer nos impôts.

L'égalité, où la voyez-vous ?

Elle n'est ni dans la qualité du sol, ni dans les facilités de main-d'œuvre, de transport, ni dans la répartition des charges.

Tous les avantages sont du côté des étrangers, tous les inconvénients, du nôtre.

La fraternité :

« *La fraternité des peuples a été solennellement consacrée » par l'Exposition universelle de* 1878 !!! » A-t-on dit encore à la réunion de l'association déjà nommée.

Cette belle phrase m'a appris que même dans les réunions les plus sérieuses, il fallait bien rire un peu.

Comment ! en 1878, en 1879, il y a encore des âmes naïves qui croient à la fraternité des peuples.

Les peuples sont frères comme Abel et Caïn étaient frères !

On veut nous faire jouer le rôle d'Abel : un beau rôle, mais triste, et dont je ne veux point.

La fraternité des peuples !

Au point de vue philosophique comme au point de vue économique, cette assertion, digne d'un élève de rhétorique, peut avoir de funestes conséquences.

Serait-ce par amour pour nous, pauvres Français, que l'Amérique et la Russie nous envoient du blé ? J'avais cru naïvement que c'était pour gagner de l'argent !

Les Bordelais auraient-ils vraiment le cœur si tendre, qu'ils ne pourraient supporter l'idée que les Anglais vont manquer de vin ? J'avais pensé jusqu'à ce jour que les habitants de la Gironde eux-mêmes n'étaient point complètement insensibles aux charmes du vil métal !

Serait-ce par reconnaissance pour la façon vraiment gracieuse dont les Prussiens nous ont traité en 1870, que nous leur expédions une partie de nos vins de Champagne ? J'avais eu la simplicité de penser que le commerce, c'était l'argent ; l'argent des autres, a dit quelqu'un, et non l'amour !

La fraternité des peuples est une illusion qu'il n'est, en vérité, plus permis d'avoir.

Elle n'a jamais existé, et n'existera jamais.

Ceux qui donneront dans ce panneau seront les premières victimes de leur simplicité.

Il devrait être inutile de réfuter une semblable erreur ; j'ai dû le faire, cependant, car les libre-échangistes la soutiennent sérieusement, et fondent sur ce rêve insensé la théorie moderne des relations internationales.

Il faut donc le dire hautement : la liberté des transactions entre les peuples ne peut exister que si l'égalité et la fraternité existaient. Or, l'égalité et la fraternité ne peuvent pas exister.

La nation qui comptera sur l'égalité fera donc un marché de dupes.

Celle qui comptera sur la fraternité se trompera bien plus encore ; et si, sous ce prétexte, elle abandonne la production des objets d'alimentation qui lui sont nécessaires, — ce qui serait fatalement le cas de la France sous le libre-échange — elle aura elle-même tout fait pour assurer et hâter sa perte.

VII.

Je terminerai par l'examen d'un document que les libre-échangistes ne récuseront pas, et dont on fera certainement grand bruit auprès de la Commission des tarifs de douane.

C'est la réponse de la Chambre de Commerce de Bordeaux au questionnaire contenu dans la circulaire du Ministre de l'Agriculture et du Commerce, en date du 3 avril dernier.

Je vais citer quelques passages de ce document et les réfuter. Je ne me ferai même pas un mérite de cette réfutation. Les erreurs de fait et de raisonnement contenues dans ce manifeste sont tellement évidentes, qu'il est incroyable qu'on ose les publier.

Je cite :

Du renouvellement des traités de commerce.

« Après l'examen le plus approfondi, etc..., la Chambre » de Commerce s'est prononcée pour le renouvellement des » traités de commerce. Nous voyons à ces traités, tels qu'ils » existent, deux avantages considérables : l'un, que nous » appellerons un avantage de fait ; l'autre, que nous appelle- » rons un avantage de principe. L'avantage de fait qui résulte » des traités de commerce actuels, c'est qu'ils ont été un » premier pas dans le sens et vers le but désiré par nous » d'une sage liberté commerciale. A la place de droits prohi- » bitifs, ils ont substitué des droits beaucoup moins élevés, » et ont imprimé un accroissement considérable à nos échanges » avec l'étranger. »

Voilà ce fait. Eh bien ! qu'est-ce qu'il prouve ?

Voilà ce que vous nommez une sage liberté commerciale ?

Vous avez vendu dix fois plus de vin de Bordeaux aux Anglais qu'avant 1860 ? C'est vrai.

Où avez-vous pris cette décuple quantité de vin de Bordeaux ? Je l'ignore et ne m'en occupe pas.

D'autre part, nous avons, cette année seulement, acheté pour près de 600 millions de francs de céréales à l'étranger ; et, pendant ce temps, nos cultivateurs ne peuvent pas vendre leurs grains, même à perte.

Voilà ce que vous appelez un accroissement d'échanges ?

Vous avez vendu.

Nous avons acheté.

Vous avez gagné.

Nous avons perdu.

Donc, tout est pour le mieux.

Eh bien ! moi, je ne me bornerai pas à des phrases sonores Je vais mettre les points sur les *i*.

Vous avez exporté beaucoup de vin ?

C'est autant que la France n'a pas consommé. — Premier désavantage.

A qui l'avez-vous vendu ?

A des maisons anglaises, en grande partie établies à Bordeaux, et souvent propriétaires de vignobles importants dans la Gironde.

Où donc est allé l'argent de ces ventes ?

Chez les Anglais, en partie.

Donc, pour la France, ni argent, ni vin.

Voilà la vérité !

Car, enfin, il faut être exact et juste. Bordeaux n'est pas la France : il est tout naturel que Bordeaux ait adopté tout d'abord le libre-échange. Il s'agissait, pour le commerce bordelais, de vendre son vin plus cher ; et, pour le vendre plus cher, il fallait le vendre hors de France ; et d'acheter son blé bon marché, en le faisant venir de l'étranger.

Un million de vignerons soutenus par quelques gens d'esprit à courte vue et d'un éclectisme admirable, en fait de patriotisme, ont décrété et obtenu, grâce au concours intéressé des

Anglais, la ruine de 20 millions d'agriculteurs. Voilà toute l'histoire du libre-échange.

Ah ! pardon ; il y a autre chose.

Quelques fabricants français, commanditaires de maisons anglaises, ont apporté et apportent encore leur adhésion à ce régime. C'est tout simple ; et je n'ai, certes, pas la prétention d'empêcher ces commerçants de gagner de l'argent comme ils l'entendent.

Ils font travailler des ouvriers de Manchester ou d'ailleurs. Ils font bien, à leur point de vue. Ils y gagnent d'autant plus que leurs produits fabriqués en Angleterre peuvent venir en franchise faire concurrence à ceux que fabriquent les ouvriers français. Ils sont donc libre-échangistes. Mais, est-ce une raison suffisante pour nous, qui payons tout cela, de le devenir ?

Voilà donc cet avantage de fait. C'est un avantage pour Bordeaux et un malheur pour la France.

Mais cela n'est rien. Continuons.

Voici maintenant que la Chambre de Commerce de Bordeaux va prouver justement le contraire de ce qu'elle désire, avec une candeur qui ferait croire à une faute d'impression, s'il ne s'agissait de tout un raisonnement :

« Avec les traités de commerce, on obtient la stabilité » dans les relations industrielles et commerciales ; sans traité » de commerce, on en est privé, et il peut en résulter les » plus funestes conséquences, ainsi qu'on l'a vu lors de la » guerre de sécession, lorsque les Etats-Unis augmentaient » brusquement et considérablement les droits d'importation » sur les marchandises françaises.

» Voilà un exemple du mal que peut produire l'absence » de traités de commerce ! »

Cette fois, la plaisanterie est trop forte.

Un mal, dites-vous ? Et pour qui, s'il vous plaît ? — Pour la France, ajoutez-vous.

Eh bien, alors, votre raisonnement prouve exactement le contraire de ce que vous prétendez.

Si l'absence de traités avec les Etats-Unis a causé un mal

à la France, cela prouve que les Etats qui ne font pas de traités font du mal aux autres, et, par conséquent, du bien à eux-mêmes.

Pour qui est le mal, dans l'exemple que vous citez ? — Pour le pays qui cherchait le libre-échange et qui se trouvait soumis aux tarifs arbitraires de l'Etat protectionniste.

Les Etats-Unis avaient donc parfaitement raison, à leur point de vue ; et puisque cela leur a réussi, nous n'avons qu'une chose à faire aujourd'hui : les imiter.

Ce raisonnement, qui semblait capital, se retourne donc directement contre ceux qui l'ont fait.

Oui, c'est vrai, le système protectionniste, aux Etats-Unis, a causé du mal.

Mais à qui ?

Est-ce aux Etats-Unis ? — Dans ce cas, il est mauvais.

Est-ce à ses concurrents ? — Dans ce cas, il est bon.

Or, vous le dites vous-mêmes, c'est à la France que le mal a été fait. Donc, le système est bon pour les Etats-Unis, c'est-à-dire pour ceux qui l'appliquent, et mauvais pour ceux contre qui on l'applique.

Donc, appliquons-le ; il sera bon pour nous, et mauvais pour les autres.

Le document en question ajoute, et, du reste, tous les libre-échangistes en sont là, parce que les chiffres sont une fantasmagorie qui représente ce que l'on désire, que les importations et exportations ont augmenté en France depuis les traités de commerce.

Que répondre à cela, et que dire à des gens qui peuvent prétendre qu'un pays qui achète pour 600 millions de blé pour ne pas mourir de faim, est plus riche l'année où il fait cette opération que l'année où ces 600 millions étaient restés chez lui ?

Il a importé pour 600 millions, c'est vrai ; mais c'était du blé. Donc il est plus pauvre de 600 millions ; car cette marchandise intransformable n'a pu lui procurer aucun bénéfice.

Quant aux exportations, elles ne prouvent pas davantage.

On peut être obligé de vendre beaucoup, parce qu'on est gêné et de vendre même à perte des objets fabriqués, c'est ce qui arrive à beaucoup de nos industries, par suite de la concurrence.

En sont-elles plus riches pour cela ? Bien loin de là, elles se ruinent.

Un pays est comme un particulier. Le particulier qui, n'ayant pas récolté de blé, en achète, se ruine, c'est l'importation ; si, pour acheter son blé, il est obligé de vendre ce qu'il possède, c'est l'exportation ; il se ruine de plus en plus.

Donc les chiffres d'exportation et d'importation ne signifient rien, au point de vue de la richesse d'un pays ; la seule question est de savoir ce que l'on importe, ce que l'on exporte, et pourquoi on le fait.

La Chambre de Commerce de Bordeaux ne s'en tient pas là. Elle se prononce « de la manière la plus formelle pour » la clause de la nation la plus favorisée. »

Je vais dire un mot de cette clause, la plus funeste et la plus illusoire qu'on puisse introduire dans un traité ; celle qui nous a fait le plus grand tort et qui ferait pourvoir d'un conseil judiciaire le particulier qui la laisserait introduire dans un acte.

Tout-à-l'heure, la Chambre de Commerce de Bordeaux voulait la continuation du régime des traités, parce qu'elle veut, dit-elle, la stabilité dans les relations commerciales.

Or, je le demande, est-il possible d'inventer quelque chose de plus contraire à la stabilité que la clause de « la nation la plus favorisée. » Cette clause, en effet, ne peut être que réciproque. Introduire cette clause dans un traité équivaut à dire ceci :

Je fais un acte, mais je déclare en même temps que je ne sais pas ce que je fais, puisque des étrangers stipulant entre eux peuvent changer tous les chiffres et par conséquent tous les résultats de mon acte. C'est, en un mot, la négation de cet axiome de droit : *Res inter alios acta*... que l'on croyait aussi bien établi que l'essence du droit lui-même.

Alors, soyez logique : ne faites pas de traités, puisque les traités ne vous engagent à rien, ou bien écrivez carrément ceci :

Les contractants, stipulant avec un tiers, pourront annihiler tout ce qu'ils ont conclu entre eux. Et, ce qu'il y a de plus curieux, c'est qu'ils ne peuvent pas traiter avec un tiers sans que cela ne tourne à leur détriment et sans détruire toute l'économie d'un traité précédent contenant cette fatale clause.

Mais, du moins, si cette clause est absurde en principe, est-elle avantageuse en fait ? Le libre-échange nous a habitués à des choses si extraordinaires.

Voyons.

Je stipule avec l'Angleterre un droit de 10, par exemple, parce que je crains la concurrence de l'Angleterre ; mais ensuite je stipule avec une autre nation dont je ne crains rien, un droit de 5.

Qu'arrive-t-il ?

Immédiatement, l'Angleterre n'a plus à payer qu'un droit de 5.

Est-ce juste ? est-ce logique ? est-ce censé ?

Je n'insiste pas. Toute réfutation serait inutile ; car, remarquez-le bien, si j'ai stipulé avec l'Angleterre un droit de 10, j'ai payé cette concession de sa part, par une concession équivalente de la mienne, sur un autre point. Or, cette concession, dans l'exemple ci-dessus, cesse d'exister de la part de l'Angleterre, et la concession équivalente de ma part n'en subsiste pas moins.

Autant vaudrait dire qu'en concluant un traité, on s'interdit le droit d'en conclure d'avantageux avec d'autres nations, puisque l'avantage qu'on pourrait gagner par le second traité, on le perd sur le premier.

La clause de la nation la plus favorisée a un autre inconvénient que nous fait parfaitement comprendre l'état de nos relations commerciales avec l'Autriche-Hongrie.

Je prends un exemple.

La loi du 19 mai 1866 avait autorisé l'importation des navires construits à l'étranger, moyennant un droit de 2 fr. par tonneau de jauge. Or, en vertu de la clause de la nation la plus favorisée, toutes les nations contractantes avec nous avaient pu profiter de cet avantage. Le traité austro-français étant arrivé à expiration, cette clause a cessé d'exister, et, par suite, les nations contractantes ont dû cesser de s'en prévaloir. Il en est résulté une perturbation grave, immédiate et imprévue dans les relations de nos armateurs avec les constructeurs étrangers.

Voilà donc une preuve nouvelle que la stabilité, le seul avantage des traités, n'existe pas, et que, grâce à cette clause de la nation la plus favorisée, les changements les plus notables peuvent être apportés dans les relations commerciales des peuples entre eux, aussi bien par l'expiration d'un seul traité, que par l'application d'un tarif réduit entre deux nations quelconques.

Voici maintenant la Chambre de Commerce de Lyon qui réclame un traité de commerce avec l'Autriche.

Pourquoi? Parce que le tarif général de l'Autriche est plus onéreux pour les soieries françaises que ne l'était le traité qui vient d'expirer, et parce que le tarif général sur les soies italiennes est moins élevé. D'où il résulte un désavantage pour la fabrication lyonnaise, désavantage qu'elle espère faire disparaître par un traité.

Mais ne voit-on pas que si l'Autriche impose fortement les soieries françaises, c'est pour protéger sa fabrication similaire, et que si, dans un traité, elle fait une concession sur ce point, il faudra bien qu'elle cherche ailleurs une compensation à ce sacrifice.

Où cherchera-t-elle cette compensation?

Cela est malheureusement certain, elle la trouvera dans une atténuation des droits qui frappent certains de ses produits agricoles dans notre tarif général.

Ce sera donc encore l'agriculture, toujours l'agriculture qui sera sacrifiée.

Voilà pourquoi nous ne voulons pas des traités de commerce.

Si l'on veut protéger l'industrie française, et je crois qu'on doit le faire, il faut commencer par protéger l'agriculture, la première, la plus indispensable, la plus productive, de toutes les industries nationales.

Il est d'autant plus nécessaire de réagir contre les tendances libre-échangistes, que les partisans de ce système ne se gênent point pour faire le raisonnement suivant :

Voyez l'agriculture, elle a plus qu'aucune industrie, lieu de se plaindre du libre-échange et cependant elle ne dit rien. Cela prouve évidemment que les clameurs protectionnistes sont toutes intéressées.

Eh bien non, cela n'est pas exact. L'agriculture ne se sent point en sûreté. Le moment est venu pour elle d'élever aussi la voix, de dire ce qu'elle souffre et pourquoi elle souffre.

Non, il n'est pas vrai que l'agriculture soit favorable au libre-échange, car les idées libre-échangistes sont pour beaucoup dans l'abandon de l'agriculture en France et dans le déplacement des ouvriers des campagnes vers les villes.

Le libre-échange est une application hasardée d'un principe séduisant. Mais en définitive personne ne s'en est bien trouvé, et cette expérience montre une fois de plus que les plus belles théories du monde sont quelquefois d'une application désastreuse.

Sous prétexte de protéger toujours le consommateur, on est arrivé à ce résultat de soutenir celui qui ne fait rien aux dépens de celui qui travaille ; et puis d'ailleurs que signifie cette distinction entre le consommateur et le producteur. S'il y a, et il y a des consommateurs qui ne produisent rien, ceux-là sont très-peu dignes d'intérêt.

Le consommateur qui est en même temps producteur est le plus intéressant, le plus utile, le plus digne d'être protégé. C'est aussi le plus nombreux.

La protection qu'on lui donne pour sa production, il la paiera largement d'un manière profitable à tous.

Il faut revenir en tout au patriotisme ; en politique, pas

de guerre pour une idée ; que les autres s'arrangent comme ils voudront, pensons à nous.

En économie politique pas d'humanitarisme hors de propos. Nos intérêts nationaux avant tout.

Une révolution économique a lieu, ayons le courage de l'envisager et l'habileté de nous défendre. Mais il faut des remèdes énergiques et prompts.

Aujourd'hui l'industrie et le commerce vivent d'une vie factice au moyen de subventions.

Eh bien, il faut absolument revenir à l'égalité absolue.

Si les autres industries n'étaient pas protégées par des droits et des subventions que les agriculteurs qui n'en profitent pas paient comme les autres, l'agriculture ne demanderait rien.

C'est l'agriculture qui fournit le plus à l'Etat, c'est elle qui reçoit le moins de l'Etat.

La crise industrielle tient à deux causes: l'une extérieure, c'est la concurrence étrangère; l'autre intérieure, c'est la gêne de l'agriculture. On a donc grand tort de dire, comme on le fait, protégeons d'abord l'industrie, l'agriculture se tirera d'affaire comme elle pourra. Il voudrait mieux dire, soutenons l'agriculture nationale et l'industrie deviendra par cela même florissante.

Dans les traités de commerce quels qu'ils soient l'agriculture a été et est toujours sacrifiée par la raison que la première de toutes les protections accordées à l'industrie, c'est de lui faire obtenir la vie à bon marché. Or, la vie à bon marché, c'est la concurrence ouverte à toutes les nations, contre notre production agricole.

Il résulte de cet état de choses, une prospérité factice, qui se traduit pendant quelque temps par le prix très-rémunérateur qu'atteignent les objets fabriqués, par les bénéfices que réalise l'industrie pour laquelle la main-d'œuvre est d'autant moins coûteuse que le pain est à meilleur marché.

Cela dure un certain temps, parce que le paysan français est tellement travailleur et économe qu'il continue à vivre malgré les charges qui l'écrasent, et qu'il ne se plaint jamais tant qu'il conserve une lueur d'espérance en l'avenir. Mais le jour ne tarde pas à venir où l'on voit qu'une nation ne peut pas fabriquer uniquement pour l'exportation, qu'il faut nécessairement que les industries nationales écoulent une partie de leurs produits dans l'intérieur du pays même et que cet écoulement n'a plus lieu lorsque l'agriculture cesse de réaliser des bénéfices.

C'est ce qui arrive en France actuellement. Voilà la cause intérieure de la crise industrielle.

Le remède est facile à trouver, bien qu'il soit d'une application certainement difficile. Il faut alléger les charges de l'agriculture.

La cause extérieure est multiple. Mais elle tient en très-grande partie à ce que les exportations se ralentissent et menacent de cesser.

Pourquoi ? Parce que les nations autrefois productrices seulement de matières premières et consommatrices d'objets facturés se sont mises à fabriquer à leur tour ce qu'elles font avec avantage, puisqu'elles ont la matière première.

La cause intérieure, c'est que l'agriculture appauvrie par la concurrence étrangère contre laquelle rien ne la protége, au contraire, cessant de gagner, cesse de consommer.

Quel remède apporter à cela ?

Un seul.

Réduire les impôts qui pèsent sur tous les Français et en particulier sur le paysan producteur ; et pour cela quel moyen ?

Un seul.

Réduire les dépenses.

Il n'y a que ce moyen, autrement on en viendra toujours a protéger momentanément l'industrie qui semble le plus souffrir, mais en chargeant d'autant certaines autres industries nationales, c'est-à-dire par des subventions ; c'est ce que demande aujourd'hui la marine marchande dont les souffrances sont incontestables, mais qui prend un mauvais moyen pour les faire cesser.

Quoique nous nous placions ici, en effet, au point de vue particulier de la crise agricole, nous n'en reconnaissons pas moins que notre marine marchande vit dans un état de plus en plus précaire, et qu'il est grand temps d'aviser.

Mais le système des primes est-il bon ? Je ne le pense pas.

Le système des primes pourrait être bon si les primes étaient payées par nos concurrents, par l'étranger ; en un mot, par d'autres que par des Français. Mais il n'en est rien.

C'est encore nous et toujours nous, agriculteurs, qui souffrons au moins autant que les armateurs, et qui serions, en qualité de contribuables, obligés de payer ces primes. L'aumône que l'on ferait aux armateurs, on la prendrait dans notre poche.

Il ne faut donc pas s'étonner de l'opposition que le projet de subvention à la marine marchande rencontre chez tous les économistes sérieux. Il n'est pas désirable que ce projet aboutisse.

Personne ne prend plus d'intérêt que moi à la situation déplorable de notre marine marchande. Je suis protectionniste, c'est tout dire. Je veux qu'elle soit protégée, parce que la protection de tout travail, de toute industrie nationale, me paraît indispensable ; et je tiens, en cette occasion comme en toute autre, à me séparer nettement des libre-échangistes.

Je trouve que dire à la marine marchande : « Tirez-vous d'affaire comme vous pourrez, » c'est une plaisanterie de mauvais goût. Mais je trouve que conserver en principe le libre-échange et le tempérer en faveur de certaines industries par des subventions qui ne sont, en réalité, qu'une protection accordée aux dépens des nationaux, c'est pousser les choses à une limite difficile à caractériser et à admettre.

Que diraient les armateurs si nous, agriculteurs qui souffrons évidemment autant qu'eux, nous allions demander des subventions à l'Etat ?

Ils diraient ce que je dis, à savoir : que la subvention, c'est en définitive l'argent des Français, et que si les uns reçoivent il faut que les autres paient ; ce qui n'est admissible à aucun point de vue.

Mais, dirai-je aux armateurs, prononcez-vous donc carrément pour la protection, c'est là la véritable subvention, la subvention payée par l'étranger.

La surtaxe de pavillon n'empêchera certes point les marines étrangères de naviguer, mais elle augmentera leurs frais dans des proportions qui vous permettront de soutenir la concurrence.

Que craignez-vous ? Qu'on vous rende la pareille ?

Mais ne voyez-vous pas que toutes les nations reviennent forcément à la protection, et que, quel que soit le régime économique adopté par la France, les nations étrangères vont garder leurs frontières.

N'êtes-vous pas déjà suffisamment imposés dans les ports étrangers ?

En Angleterre, n'avez-vous pas à payer des droits qui, pour n'être pas officiels, n'en sont pas moins lourds ?

Et ne sommes-nous pas, en réalité, les seuls à faire profiter nos rivaux des avantages que nous payons si cher ? Toujours dupes !

Croyez-moi, votre ennemi, c'est le libre-échange.

Lorsque, par la protection, la France sera devenue prospère dans son agriculture et son industrie, vous aurez forcément du fret et à bon prix. Car nous ne pourrons pas garder tout ce que nous produirons, et il y aura toujours des produits, non similaires, à échanger entre les nations.

Mais si vous prenez parti pour le libre-échange, si vous laissez écraser l'agriculture, vous serez aussi cruellement atteints que nous.

L'agriculteur, c'est-à-dire la majorité des producteurs, ne produisant plus, n'achètera pas ; vous perdrez du même coup vos frets d'aller et de retour.

De plus, nous serons avec vous si vous demandez qu'on

impose les étrangers, nous serons avec vous si vous demandez qu'on supprime les subventions, toutes les subventions : celles qui vous nuisent, vous les connaissez bien, comme celles que vous réclamez et qui nous nuiraient.

D'ailleurs, le système des primes est toujours mauvais ; toujours, entendez-le bien.

Il peut cacher une plaie, il ne l'empêche pas de s'étendre et de s'envenimer.

Et, en vérité, c'est bien mal servir les intérêts de la marine marchande que de citer comme exemples les entreprises qui se soutiennent au moyen de subventions.

Les armateurs disaient autrefois que la subvention aux Transatlantiques et Compagnies postales était la ruine de la marine marchande, et ils avaient raison.

Pourquoi ont-ils changé d'avis ?

Qu'on supprime les 20 millions de subvention aux Compagnies postales, c'est 20 millions de gagné par la marine marchande, qui n'en demande que 10.

Qu'on rétablisse la surtaxe de pavillon.

Craignez-vous les représailles ?

Eh bien, après ?

La situation actuelle ruine la France ; que peuvent ajouter à cela les représailles ?

Tout ce qui détruit la liberté et l'égalité, je dis l'égalité dans la concurrence, est une injustice profitable aux uns et préjudiciable aux autres. Ce n'est pas un système économique, c'est un palliatif à un mal qu'on n'ose envisager en face et qu'on ne fait qu'aggraver pour l'avenir.

On a fait de mauvais traités de commerce et on se prépare à en faire de plus mauvais encore ; voilà tout le mal.

Nous nous sommes interdit la protection, qui était le seul moyen de nous défendre, en faisant payer l'étranger ; et nous sommes arrivés à la subvention, qui est la forme la plus déplorable de la protection, car, au lieu de s'adresser aux étrangers, elle frappe les nationaux.

Je veux, moi agriculteur, tout le bien possible à la marine

marchande, mais à une condition : c'est que l'argent qu'on lui donnera ne soit pas pris dans ma poche.

Lorsque la France agricole ne pourra plus produire, croyez-vous que la marine sera bien prospère ?

Supprimez d'abord les 20 ou 25 millions de subventions aux grandes Compagnies, cela fera beaucoup pour le relèvement de la marine marchande. Mais continuer cette subvention et en ajouter d'autres pour les armateurs, et prendre tout cela dans la poche du contribuable, du producteur, du paysan, du travailleur, cela est positivement inique et intolérable.

Les partisans de la subvention croient avoir tout dit, lorsqu'ils parlent de l'Etat. Mais aujourd'hui, c'est au contribuable qu'on peut appliquer le mot de Louis XIV : « L'État, c'est moi ! »

Quand l'État paie, c'est lui qui paie.

Si vous voulez accorder des subventions, dirai-je, diminuez d'abord les impôts, afin que la subvention ne soit pas une nouvelle charge ajoutée à tant d'autres.

Si vous voulez de la protection, faites-en au détriment de l'étranger, et non pas au détriment des Français, en ruinant les uns pour enrichir les autres.

Voulez-vous du libre-échange ? Commencez par égaliser les conditions de la lutte.

Aujourd'hui, tout se tient dans la situation économique de la France. Voilà pourquoi il est indispensable de lier la crise agricole à la crise industrielle et commerciale.

L'avenir de la France va dépendre de la manière dont nos gouvernants comprendront la situation, et du système économique qu'ils adopteront.

Or, nous le disons résolument :

L'expérience est faite, le libre-échange a été aussi fatal à l'industrie qu'à l'agriculture. Les nations n'en veulent plus.

La protection vaut mieux, mais à la condition d'être égale pour tous, et de ne pas oublier les intérêts agricoles.

Et surtout, ne faisons pas de traités de commerce. Nous

sommes dans un état de transition, et l'avenir économique du monde nous est aujourd'hui inconnu. Ce qui est certain, c'est qu'un changement complet se produit. Il serait vraiment insensé de nous lier par des traités et de contracter des engagements relatifs à un état de choses qui est si visiblement instable et qui se modifie de jour en jour.

Il faudrait que nous fussions insensés pour rester libre-échangistes, quand le monde entier devient protectionniste.

Nous ne devons ni ne pouvons conclure de traités, parce qu'un traité est toujours un pas fait dans la voie du libre-échange ; et que, si nous nous aventurons encore sur cette voie, nous ne serons pas suivis par les autres nations.

Nous serons donc dupes.

Ce ne sera pas la première fois.

Le libre-échange est, du reste, si évidemment impraticable, que beaucoup d'industries ont eu le soin de se faire, directement ou indirectement, subventionner, et que celles qui ne le sont pas encore demandent à l'être.

Il est commode, en effet, de faire du libre-échange théorique, en se faisant payer pour soutenir la concurrence étrangère par ceux mêmes que la concurrence ruine.

Mais il est temps qu'on le sache.

Il y a un rôle que l'agriculture ne veut pas continuer à jouer, c'est le rôle de dupe.

Si nous étions dans des conditions à pouvoir expérimenter le libre-échange, je dirais : « Faisons alors du libre-échange absolu, et qu'il n'y ait plus ni droits d'aucune sorte, ni subventions, ni primes, ni entraves de quelque nature qu'elles soient. »

Mais nous ne pouvons pas, je l'ai démontré, faire cette expérience. Il faut donc adopter le système diamétralement opposé, et dire : « Protection pour tous, et non pas, comme on l'a fait jusqu'ici, pour ceux seulement qui en ont le moins besoin ; et surtout, suppression absolue des subventions, qui ne sont autre chose qu'une protection payée par les nationaux. »

Comment, par exemple, ose-t-on dire que le Gouvernement

ne prendra jamais la responsabilité de contribuer au renchérissement de la vie par des taxes sur les blés ?

En vérité, parler ainsi, c'est se moquer du monde et faire peu de cas de l'intelligence du Gouvernement.

S'il s'agissait d'un impôt à ajouter à ceux que paie déjà l'agriculture, je comprendrais l'objection. Mais il s'agit, au contraire, d'un impôt sur le blé étranger.

Il s'agit donc, en réalité, de savoir s'il vaut mieux laisser périr absolument l'agriculture française, c'est-à-dire plus de 20 millions de Français, que d'augmenter d'une manière presque insensible le prix du pain.

J'ai montré qu'un droit compensateur de 3 fr. par 100 kil., — minimum, bien entendu — fait un centime d'augmentation par livre de pain, et produit un résultat absolument insignifiant pour l'ouvrier le plus pauvre, au cas où il aurait à le payer.

J'ai montré, de plus, que, dans le cas d'une différence aussi minime, c'est la boulangerie seule qui perd ou bénéficie.

La question est donc des plus simples : nos lois économiques vont-elles tuer l'agriculture et avec elle, la France entière, pour échapper au reproche ridicule et faux d'économistes imprudents d'augmenter le prix du pain de l'ouvrier ou bien, au contraire, vont-elles substituer un régime de vie, la protection, à un régime de mort, le libre-échange, en reconnaissant le bien fondé des demandes de 25 millions de Français.

Toute la question est là, et je ne comprends pas qu'on vienne dire comme certains publicistes agricoles : C'est vrai, nous marchons à la ruine ; mais cela est fatal, nous ne pouvons rien faire pour l'empêcher.

Je dis moi : nous pouvons tout faire pour l'empêcher ; nous pouvons sauver l'agriculture sans nuire à personne qu'aux étrangers, et je le répète, ceux qui peuvent le faire seront coupables s'ils ne le font pas.

Mais il ne s'agit pas de tourner autour de la question et de se voiler la face, au seul nom de protection, il faut déclarer hautement, courageusement que la protection seule est efficace et qu'il faut tuer le libre-échange, pour éviter d'être tués par lui.

Tout cela est-il assez clair, assez grave, assez probant.

Je m'adresse sincèrement à tous ceux qui ont souci des intérêts de la France. Oui, à tous les Français, par conséquent, et je dis : Vous reste-t-il un doute, après tout ce qui s'écrit et se dit depuis quelques mois sur ce sujet ; vous reste-t-il une indécision et sur la gravité et la réalité de la question et sur les remèdes à prendre pour la résoudre ?

Faites une chose : Demandez une véritable enquête, une enquête sérieuse ; pas une polémique oiseuse de journaux, mais la déposition de tous les agriculteurs pratiques.

Cette enquête, dirai-je au Gouvernement, vous pouvez, vous devez la faire.

Si vous sacrifiez les intérêts de la France agricole, dans les traités que vous allez peut-être conclure, ou dans les les tarifs que vous allez établir, vous ne pouvez pas arguer d'ignorance, et vous assumerez une redoutable responsabilité devant la nation tout entière, si, surtout, à cette époque, nous sommes, par exemple, engagés par des traités pour une période de dix ans.

Recommencerons-nous à faire de l'agriculture?

Le temps perdu ne se rattrape pas.

Et, d'ailleurs, le blé arrivera toujours, il pourra devenir cher quand nous n'en aurons pas ; mais si nous avons le malheur de faire une bonne récolte, nous serons inondés, et les prix seront avilis.

Pendant ce temps-là, l'industrie continuera à se plaindre.

Elle se plaindra de la concurrence étrangère.

Elle se plaindra également de ce que ces monstres de paysans français qui sont gorgés d'or ne font point aller le commerce.

Et elle demandera, sans doute, qu'on augmente les impôts sur la terre et le droit sur la circulation des vins et beaucoup d'autres choses que le cultivateur ne pourra plus payer depuis longtemps.

Et la crise augmentera toujours.

Et le grain viendra de plus en plus d'Amérique et on n'aura plus d'argent pour le payer, et ce sera l'apothéose du libre-échange et le dernier jour de la France ne sera pas loin.

Ah ! si les libre-échangistes voulaient un instant quitter leurs chaires et leurs boulevards, renoncer pour quelques jours à leurs banquets fraternels et venir à la campagne voir les choses de près, j'ai assez de confiance en leur patriotisme pour croire qu'ils s'en iraient convertis.

Décourager l'agriculture française, c'est assurément une grande idée. Le libre-échange n'y va pas par quatre chemins : faire de la France une immense fabrique d'articles de Paris, c'est sans aucun doute, une noble conception ; mais qu'arriverait-il si, par hasard, le monde se dégoûtait des articles de Paris, ou bien si les autres nations se mettaient, *proh pudor,* à fabriquer chez elle les articles dits de Paris. — Il arriverait que nous ne pourrions plus leur en vendre, et alors, avec quoi achèterions-nous leur blé, car il faut manger.

En lisant ceci, les libre-échangistes hausseront les épaules et dédaigneront de répondre, mais je ne les tiens pas quittes. A cette question, il faut une réponse.

Je suppose, ce qui va être vrai, peut-être dès l'année prochaine, que le blé vaille 15 fr. l'hectolitre (le blé américain), bien peu de paysans en sèmeront en France pour l'année suivante.

Les libre-échangistes auront un beau moment, l'agriculture française sera morte et tout le monde se précipitera dans l'industrie.

Je suppose que peu d'années après, peut-être l'année suivante, les autres nations aient fabriqué assez d'objets de toutes sortes pour nous laisser une bonne partie de notre fabrication sur les bras. Que ferons-nous ?

Je le demande aux libre-échangistes.

A la Commission des tarifs de douane.

Au Gouvernement qui prépare de nouveaux traités de commerce.

Ai-je besoin maintenant d'insister sur la gravité qu'aurait pour la France la disparition de l'agriculture, ou seulement la continuation de son état de souffrance.

Quelle est la grande source qui alimente le budget des recettes ? N'est-ce pas la production agricole.

Est-ce qu'on ne s'aperçoit pas aux chiffres du rendement de l'impôt, lorsque la récolte a été mauvaise.

Est-ce qu'un déficit dans le produit des vignes, de la betterave, etc., ne représente pas immédiatement un déficit dans le budget. Que sera-ce, je le demande, lorsqu'une cause permanente de non-production aura définitivement remplacé les crises passagères dues à des circonstances transitoires.

Qu'on le sache bien, lorsque l'agriculture tombera, la richesse de la France sera diminuée dans des proportions incalculables. L'impôt indirect sera le premier atteint et diminuera graduellement jusqu'au jour où les paysans, fermiers, propriétaires ne pouvant plus vivre de leur travail, refuseront carrément de payer l'impôt direct. Que fera le Gouvernement devant la révolte de 25 millions d'hommes qui ne vivaient que de l'agriculture et qu'on aura mis dans l'impossibilité de travailler.

Je ne donne pas à la France, dix ans de libre-échange pour voir accomplir cette triste prédiction.

A ce propos, je crois indispensable de réfuter ici une erreur économique dont sont imbus nos ministres des finances.

Ils disent : Voyez, le budget des recettes s'accroît tous les ans, *il continuera indéfiniment à s'accroître*. Cela doit donc nous donner toute confiance en l'avenir, et nous permettre d'augmenter indéfiniment aussi les dépenses publiques.

Je ferai deux observations à ce propos : d'abord le budget ne s'accroîtra pas indéfiniment, parce que le rendement de la terre n'est pas indéfiniment progressif, et que l'industrie elle-même n'aura pas, eu égard aux améliorations de toutes natures que les nations étrangères introduisent chez elles, de débouchés extérieurs illimités.

En second lieu, il y a dans le raisonnement de nos financiers une erreur de chiffres considérable et inexplicable de la part d'hommes aussi versés dans les questions économiques.

L'augmentation du rendement des impôts et par conséquent du budget n'est ici que dans les chiffres : elle n'existe pas en réalité.

Je suppose, en effet, ce qui est généralement admis par

les calculs les plus modérés dans leurs évaluations, que la valeur de l'argent ait diminué de moitié depuis soixante ans; en d'autres termes que ce qui coûtait 1 fr. il y a soixante ans, coûte aujourd'hui 2 fr. (sauf le blé). Il en résulte que pour un budget de trois milliards, un accroissement annuel de cinquante millions n'est que le maintien du *statu quo*, et que cette augmentation est indispensable pour maintenir le budget en équilibre, c'est-à-dire pour nous empêcher d'être tous les ans en déficit de cinquante millions. Et qu'on ne dise pas que ceci est une théorie pure, qui n'a pas son application immédiate. Elle a tellement son application immédiate que tous les ans, on est obligé, en établissant le budget des dépenses, d'augmenter certains salaires, certains traitements, certains frais que les sommes qui leur étaient précédemment affectées, ne suffisent plus à couvrir.

C'est une nécessité économique invariable qui ne peut que s'aggraver, et que j'évalue certainement avec modération en la fixant au chiffre de cinquante millions par an.

Il en résulte que le budget doit augmenter tous les ans de cinquante millions en chiffres, pour qu'il se trouve de fait en équilibre, et représente en valeur réelle ce qu'il représentait l'année précédente.

Or, nous n'en sommes même pas là, et je prévois, qu'avec le système libre-échangiste qui va rendre les impôts de moins en moins productif, d'une part, tandis que d'autre part le point de vue fiscal étant subordonné à la théorie de la liberté commerciale, les douanes rendront aussi de moins en moins, nous en arriverons fatalement et cela ne tardera pas à une décroissance progressive et considérable, dans le chapitre de nos recettes.

J'ai dit ce que je reprochais, ce que les protectionnistes dont je m'honore de partager les idées, reprochent au libre-échange.

Je voudrais bien en revanche savoir ce que les libre-échangistes reprochent à la protection. J'ai beau lire dans leurs œuvres et sonder leurs intentions, je ne vois jamais qu'une chose : l'intérêt du consommateur.

Eh bien! je veux bien, pour un instant, admettre cette théorie. (J'ai prouvé plus haut qu'elle était fausse.)

La question se pose donc ainsi.

J'en accepte les termes.

D'un côté, vingt-cinq millions de Français qui vivent de l'agriculture (vingt millions de cultivateurs et cinq millions d'ouvriers agricoles ou petits commerçants des bourgs, qui n'ont de relations commerciales qu'avec le cultivateur).

D'un côté, dis-je, vingt-cinq millions de producteurs ; de l'autre, douze millions de consommateurs.

Les uns produisent, les autres consomment.

Les uns paient l'impôt, les autres sont payés par l'impôt.

Les uns travaillent pour augmenter le budget, les autres le dévorent sans se fatiguer beaucoup.

D'un côté, les travailleurs ; de l'autre, ceux qui émargent au budget.

Que notre Gouvernement choisisse donc entre les deux.

Son choix va décider de l'avenir de la France.

Mais que dis-je ?

Est-ce que l'agriculture est seule à demander la protection ? Pas le moins du monde.

Tous les industriels qui emploient exclusivement le travail français ont intérêt à la réclamer et la réclament.

Ceux même qui se croient seuls fabricants d'objets que les autres nations doivent nécessairement leur acheter, ne tarderont pas à revenir de leur erreur.

Ne voyons-nous pas aujourd'hui les produits manufacturés que nous avions considérés jusqu'à ce jour comme exclusivement français, fabriqués et expédiés de tous côtés par les nations étrangères, nos concurrentes sur tous les marchés, y compris le nôtre. Ce n'est donc pas seulement l'agriculture qui est protectionniste, c'est encore l'industrie et le commerce qui le sont ou vont le devenir. Eh bien ! la question se simplifie beaucoup, ce me semble.

Du côté de la protection, la France.

Du côté du libre-échange, les beaux parleurs, gens de très-bonne foi, j'en suis certain, mais profondément abusés.

Que le Gouvernement choisisse entre les deux.

Faut-il, en vérité, répondre aux agriculteurs peu pratiques, qui conseillent, avec un sérieux risible, de faire autre chose.

Autre chose ! Quoi ?

Comment ? Avec quoi ?

Faites donc autre chose vous-même, intelligents théoriciens ; venez donc installer vos pénates dans une de nos fermes et donner le bon exemple.

Mais, croyez-moi, ne manquez pas d'apporter, avec vos enseignements, plusieurs choses qui nous manquent, ce que vous ignorez sans doute :

Un sol plus fertile,

Une propriété moins morcellée, qui permette l'emploi d'auxiliaires puissants et économiques,

Des capitaux plus nombreux,

Des engrais et la main-d'œuvre à bon marché,

Des impôts modérés et une législation nouvelle favorisant, au lieu de l'écraser, le travail agricole.

Quand vous aurez fourni cela, je vous répondrai.

Mais, dès aujourd'hui, je puis vous dire que tout cela, nous ne l'avons pas, tandis que nos concurrents, quels qu'ils soient, le possèdent, et que la France sera tombée sous les coups de ses rivaux avant que la moindre partie de ces choses nécessaires ait été rendue possible.

Le moment me semble bien mal choisi pour recommencer une campagne, libre-échangiste.

Une expérience de dix-huit ans vient, en effet, d'être faite, et quel résultat a-t-elle donné :

Le résultat, c'est une gène universelle, une crise qui atteint le commerce, l'industrie, l'agaiculture, une menace de ruine pour les Etats qui se sont laissé prendre à ces belles théories du libre-échange, tandis que les nations qui ont résisté, telle que l'Amérique, dominent aujourd'hui le marché du monde.

C'est à ce point que toutes les nations civilisées déclarent vouloir revenir à la protection, et que celles qui, comme l'Angleterre, en ont été les plus violentes adversaires, n'osent plus défendre des doctrines qui ont montré, dans la pratique, des côtés défectueux qu'on ne soupçonnait pas et qui ont été inefficaces à soutenir les nations qui s'appuyaient sur elles.

En un mot, le libre-échange est, *à priori,* une théorie séduisante ; mais l'expérience l'a condamné, en montrant une fois de plus que, dans la science économique comme dans les autres, la méthode expérimentale est la seule qui offre des garanties.

Est-ce à dire que la protection soit la vérité absolue. Je ne le crois pas. D'abord, parce qu'il n'y a peut-être pas en cette matière de vérité absolue, et puis, parce que ce qui est vrai un jour, peut-être faux le lendemain, lorsqu'il s'agit, non de choses mathématiques, mais de relations particulièrement contingentes, variables, dépendantes.

Je prétends seulement que la protection, avec les nuances les plus diverses, selon les temps, les lieux, les circonstances, est le seul *modus vivendu* applicable aux relations entre elles de nations qui ne peuvent jamais, selon moi, se trouver dans des conditions qui rendent possible l'application du libre-échange.

Je ne veux point de philosophie économique, parce que ni l'humanité, ni la nature, ne font de philosophie économique.

Les nations, les faits ni les choses n'obéissent aux théoriciens, et la stabilité d'une science créée de toutes pièces dans le cerveau humain ne change rien à la variabilité des choses humaines.

Nous sommes les esclaves de la nature et non ses maîtres.

Nous sommes impuissants à lui dicter des lois : tout ce que nous pouvons faire, c'est d'accommoder ses caprices à nos besoins, par notre habileté, notre intelligence, notre travail.

Les libre-échangistes se sont crus les maîtres de par la science ; la nature leur montre le cas qu'elle fait des lois inventées par les hommes.

Les protectionnistes sont plus modestes ; ils prennent les choses telles qu'elles sont, et tâchent de les faire tourner à leur avantage : là, est pour moi la vérité.

CONCLUSIONS.

Voici donc les conclusions que je propose :

Elles sont, je le crois, entièrement justifiées par l'état de crise dans lequel nous a jeté l'application de détestables théories économiques.

1° La protection a seul fondé et est seule capable de fonder la prospérité des nations.

Plus que jamais la protection devient la loi des relations internationales.

Les hommes d'État et les peuples nos rivaux y reviennent ; imitons-les, devenons résolument protectionnistes.

2° Que la protection soit égale pour tous. Abandonnons donc définitivement ce système bâtard suivi en France particulièrement depuis les traités de 1860, en vertu duquel les uns continuent à être protégés, tandis qu'on sacrifie les autres, sous prétexte de libre-échange.

3° Protection pour l'agriculture, la plus importante et la plus indispensable de nos industries nationales, fondée d'abord sur le principe protectionniste applicable à tous, et sur ce fait que, par la nature même des choses, les nations étrangères sont toutes puissantes, au point de vue agricole, contre la France.

4° Etablissement d'un droit compensateur sur les blés étrangers à leur entrée en France ; ce droit devant être porté à 3 fr. par 100 kilog. au minimum.

En attendant qu'une enquête agricole que le Gouvernement, sous peine de manquer au premier de ses devoirs, ne peut refuser de faire, permette de fixer le mode et le taux des tarifs protecteurs à établir sur toutes nos productions agricoles.

5° Abandon du système des traités de commerce, qui ne possède aucun avantage qu'un tarif général bien pondéré ne puisse donner, et qui crée entre les nations un lien que la France supporte plus difficilement qu'aucune autre et qui lui est particulièrement dommageable.

6° Suppression des primes, subventions, etc., qui sont un avantage accordé aux uns au détriment des autres, et constituent en définitive une protection payée par les nationaux à quelques industries privilégiées.

7° Révision du budget de la France au point de vue des économies à réaliser.

Aucune réforme, en effet, ne suffira ; aucun régime ne sera stable si on continue à marcher dans la voie désastreuse de gaspillage des fonds publics, suivie depuis de nombreuses années.

La France n'est pas assez riche pour se payer le luxe de travaux, magnifiques sans doute, mais qui ne rapportent rien, et de fonctionnaires aussi nombreux que bien choisis, mais dont l'inutilité est évidente et dont les traitements, en dehors de toute proportion avec les services rendus, grèvent le budget d'une façon formidable.

En deux mots : Retour à la protection comme remède à la situation présente ;

Réforme de notre système d'impôts et de charges publiques comme seul moyen de maintenir la France au rang sur lequel elle a le droit de compter dans l'avenir.

Telles sont les solutions sur lesquelles j'appelle l'attention de l'opinion publique et du Gouvernement.

Imprimerie de Mme Vve C. Mellinet, place du Pilori, 5.

www.ingramcontent.com/pod-product-compliance
Ingram Content Group UK Ltd.
Pitfield, Milton Keynes, MK11 3LW, UK
UKHW012056240726
13965UKWH00004B/1321